U0264610

江西样板

——江西生态文明建设的经验与评价

傅　春 /著

江西人民出版社
Jiangxi People's Publishing House
全国百佳出版社

图书在版编目（CIP）数据

江西样板：江西生态文明建设的经验与评价 / 傅春著.
—南昌：江西人民出版社，2016.6
ISBN 978-7-210-08548-5

Ⅰ.①江…　Ⅱ.①傅…　Ⅲ.①生态环境建设—
经验—江西省　②生态环境建设—评价—江西省
Ⅳ.① X321.256

中国版本图书馆 CIP 数据核字（2016）第 130894 号

江西样板：江西生态文明建设的经验与评价

傅　春　著
责任编辑：陈世象
封面设计：章　雷
出　　　版：江西人民出版社
发　　　行：各地新华书店
地　　　址：江西省南昌市三经路 47 号附 1 号
学术出版中心电话：0791-86898330
发行部电话：0791-86898815
邮　　　编：330006
网　　　址：www.jxpph.com
E-mail：swswpublic@sina.com　　web@jxpph.com
2016 年 6 月第 1 版　2016 年 6 月第 1 次印刷
开　　　本：787 毫米 × 1092 毫米　1/16
印　　　张：15
字　　　数：200 千字
ISBN 978-7-210-08548-5
赣版权登字—01—2016—355
版权所有　侵权必究
定　　　价：50.00 元
承 印 厂：南昌市红星印刷有限公司
赣人版图书凡属印刷、装订错误，请随时向承印厂调换

序 一

朱虹

　　2015 年 3 月 6 日，习近平总书记在参加十二届全国人大三次会议江西代表团审议时，殷殷嘱托江西"走出一条经济发展和生态文明相辅相成、相得益彰的路子，打造生态文明建设的江西样板"。2016 年春节前夕，习近平总书记视察江西，对江西工作又提出新的希望和"三个着力、四个坚持"的总体要求，强调要打造美丽中国的"江西样板"，赋予了江西更大的责任、更高的期许。

　　江西认真贯彻落实习近平总书记重要讲话精神，把生态文明建设工作放在重要位置。2014 年 11 月，江西获批"全国生态文明先行示范区"。省委、省政府制定了《关于建设生态文明先行示范区的实施意见》，确定 6 大体系、10 大工程、60 个项目包和 208 项建设任务。重点抓了四个方面的工作：一是抓重点生态工程建设。围绕筑牢生态安全屏障，大力实施生态修复和保护工程，推动山水林田湖生态修复。二是抓生态环境综合整治。深入开展"净空、净水、净土"行动，着力解决空气、水、土壤等方面的突出环境污染问题。三是抓绿色循环低碳发展。规模以上工业增加值能耗比上年下降 6% 左右，全省高新技术产业增加值增长 10.2%。四是抓生态文明制度建设。完成生态红线划定、水资源红线划定、耕地保护红线划定。积极创新河湖管理保护制度，建立了省、市、县三级"河长制"。完善了市县发展综合考评体系，增加了生态文明类考核指标权重。通过努力，全省生态文明先行示范区建设实现了良好开局。

2015年，江西省主要经济指标增速位居全国前列，地区生产总值跨越万亿元台阶，达到16724亿元，居全国18位。同时，生态文明建设也取得了骄人成绩。五河源头生态环境得到改善，地表水I–III类水质断面达标率达81%，明显高于全国平均水平；饮用水源地水质达标率100%，鄱阳湖注入长江水质保持在III类以上；城镇污水集中处理率达到85%；水生态指标超额完成年度目标任务，全省设区市城区空气质量（AQI）优良率达90.1%，在中国城市"绿色肺活量排行榜"50强榜单中江西占9个。江西真正是"天蓝、地绿、水清、景美"。

南昌大学的傅春教授和她的研究团队30多年来一直围绕鄱阳湖流域开发利用与保护及江西经济社会可持续发展开展研究，完成了这本《江西样板——江西生态文明建设的经验与评价》，该书系统总结和梳理江西历届省委、省政府坚持生态文明建设理念的发展历程，并从"山江湖治理工程""资源城市转型""水生态文明建设""生态文明建设的制度创新"等几个方面总结江西生态文明建设的重大实践，提炼出了"江西样板"的主要模式与经验；针对江西生态文明建设和新型城镇化建设的实际，对江西11个设区市的生态文明建设水平和新型城镇化发展质量进行了综合评价；参考国际国内经验，建设性地提出"江西样板"试点示范建设的初步标准；最后从"新型城镇""生态基础""制度范本""幸福家园""生态小镇"五个方面提出了打造"江西样板"试点建设的对策建议。

江西山川秀美、生态优良，绿色生态是江西最大的财富、最大优势、最大品牌。建设生态文明，推进绿色发展，是全面建成小康社会的重要内容。希望傅春教授和她的研究团队继续结合江西经济社会发展的实际，深入研究江西绿色发展的理论与实践，为推进江西生态文明先行示范区建设贡献更多的智慧。

（作者系中共江西省委常委、省委秘书长）

序 二

[signature]

　　生态文明建设近关生态环境改善、人民生活质量提升和全面建设小康社会目标的实现，远涉经济社会可持续发展、国家的繁荣稳定和民族的延衍生存，意义重大。近几十年的实践使我们对此有了深刻的体验：没有干净的空气、水和土壤，即使是有高达两位数的增长速度，有堆积如山的金银财宝，我们也不会幸福快乐，最终我们还会消灭自己、失去未来。有鉴于此，国家高度重视生态文明建设，在"十一五"规划提出建设资源节约型、环境友好型社会的基础上，党的"十八大"提出大力推进生态文明建设，并把它纳入社会主义现代化建设五位一体的总体布局。2015 年，中共中央、国务院先后发布了《关于加快推进生态文明建设的意见》和《生态文明体制改革总体方案》，明确了生态文明建设的目标愿景、基本原则、主要任务和操作路径。"十三五"规划把绿色发展作为新时期五大发展理念，放到突出重要位置。可以说，生态文明建设的号角已经吹响，全面的攻坚战也已展开。的确，今天在总体上看我国生态文明建设水平仍滞后于经济社会发展，资源约束趋紧，环境污染严重，生态系统退化，发展与人口资源环境间的矛盾日益突出。但如果从现在起，在解决这些问题上我们只前进不后退，哪怕是一点一点的进步，我们就一定能奔向光辉的明天，一个绿色的美丽的现代化的中国终将展现在我们每一个人的面前。

生态文明建设是一项巨大而复杂的系统工程，如果把"绿色"作为它的本质特征和鲜明标志的话，那么它涉及从思想到道路的一系列要素的变革和创新。在我看来，这样几个方面又特别重要：一是树立绿色理念。认识到尊重自然、顺应自然和保护自然是规律使然，破坏环境必受自然惩罚，危害生态终将毁灭未来。绿水青山就是金山银山，良好的生态环境是永续发展的必要条件。二是坚持绿色决策。把绿色发展作为规划的引领和政策的导向，把节约资源、保护环境、优化生态作为开展一切经济社会活动的前提与底线，把解决突出生态环境问题作为工作的重点，把推动人与自然和谐发展、建设美丽中国作为现代化建设的核心内容。三是创新绿色技术。开展能源节约、资源循环利用、清洁能源开发、污染治理、生态修复等领域关键技术攻关，在实现绿色发展的基础研究和前沿技术研发方面不断实现突破，推动绿色技术与工艺广泛运用于产业发展、城乡建设和人民的吃穿住行，支持形成绿色生产和生活方式。四是建立绿色制度。激励和约束并举，形成促进资源节约、环境保护和支持绿色发展、循环发展、低碳发展的利益导向机制和治理管控制度，相应构建充分反映资源消耗、环境损害和生态效益的生态文明绩效评估考核和责任追究制度。我以为，抓住了这些关键方面，生态文明建设就能持续不辍地走在前进的道路上，开创社会主义生态文明新时代。

我国幅员辽阔，各个地区不仅经济发展水平与资源环境状况差异较大，生态文明建设的基础也很不相同。这种景况与复杂多样的生态文明建设任务相联系，要求我们把打造试验示范平台、推动创新探索并及时总结成功经验、加强推广应用作为一个重要的路径。换个角度说，生态文明建设要求各个地区、各个行业在遵循总体目标和基本原则的前提下，结合实际，发挥比较优势，大胆进行探索，既使自身成为全国生态文明建设进展的一个组成部分，又为推进这一建设提供有益经验。在这个方面，江西成为一个先行者并形成了自己的特色。面对着实现跨越发展的必然选择和艰巨使命，江西逐渐摆脱传统思维和发展方式，科学处理经济发展和环境保护关系，走向了坚持绿色发展的正确道路。从靠山吃山、靠水吃水到"治山、治水、治贫"，到"既要金山银山，更要绿水青山"，再到"发展升级、绿色崛起"；从建立鄱阳湖生态经济区，到把江西全境打造成为全国生态文明建设的先行区，反映了江西环境保护和生态文明建设的前进历程，更反映了江西发展理念的变化和发展方式的转变提升。据了解，在新的形势下，江西矢志不渝，推出了一系列重大举措：深入实施大气污染防治行动计划，空气环境质量优良率达 90% 及以上；深入实施水污染防治行动计划，全省地表水监测断面水质达标率 80.9%，设区市城区集中式饮用水源地达标率 100%；加强土壤污染源头综合整治，深入开展农村环境连片整治行动，农村面源污染防治取得新成效；做好林木保护，森林覆盖率达到 63.1%，稳居全国第二；等等。与此同时，江西还推出了一系列制度性措施，为生态文明建设提供有力支撑。这样的不懈努力，使江西走在全国前列，也形成了一批可复制、可推广的成果，为全国生态文明建设积累了经验、提供了示范。

南昌大学傅春教授是一位知名的生态环境经济专家，撰写了不少相关的学术文章。难能可贵的是，她不仅在生态文明建设理论方面颇有造诣，而且十分关注生态环境的政策演变和实践进程，并亲身投入其中。在 30 多年追踪研究的基础上，她和她的研究团队共同完成了这本《江西样板——江西省生态文明建设的经验与评价》。本书观察、梳理和分析了江西历届省委、省政府坚持生态文明建设理念的发展历程和江西生态保护的重大实践、主要成功模式与经验，对江西生态环境与经济社会发展的关系做了客观的评价；总结概括了"江西样板"所蕴藏的绿色内涵，提炼了其中的主要特征，并提出了打造"江西样板"试点建设的对策建议。书中既有理论见解阐述，也有实践经验梳理；既有自然科学层面的探究，也有管理学和经济学意义上的思考。相信这些总结和研究成果，能够加深读者对江西生态文明建设的了解，并对打造美丽中国"江西样板"有较好的指导意义，对于在全国推广"江西样板"有积极的借鉴作用。

　　生态文明建设既是系统工程，又是大众工程，推动绿色发展，建设美丽中国需要全社会的参与和贡献。我没有推辞即应约写下这篇粗浅的序文，唯一的原因是希望有更多像傅春教授一样的学者和其他人士积极参与到我国生态文明建设的实践中来，大家一起努力，把我们的国土建设成为天蓝、地绿、水净、风清的美丽家园。果若此，则甚慰。

（国家发展和改革委员会副秘书长，著名经济学家）

目 录

第一章

"美丽中国"及生态文明建设战略与要求

第一节 生态文明的内涵及特征

一、生态文明的概念与内涵

生态文明是由生态和文明两个概念构成的复合概念。生态，指生物之间以及生物与环境之间的相互关系与存在状态，即自然生态。文明，指的是人类文化发展的成果，是人类改造世界的物质和精神成果的总和，是人类社会进步的标志。所谓生态文明，就是人类改造生态环境、实现生态良性发展的成果总和，以尊重和维护生态环境为主旨，以可持续发展为根据，以未来人类的继续发展为着眼点，强调人与自然环境共处共融。生态文明是人类为建设美好生态环境而取得的物质成果、精神成果和制度成果的总和。对于"生态文明"概念的含义，有的学者从不同的角度给出了解释。归纳起来，大致有如下几种观点：

1. 生态文明是人类的一个发展阶段

这种观点是从广义的角度认为人类至今已经历了原始文明、农业文明、工业文明三个阶段，在对自身发展与自然关系深刻反思的基础上，人类即将迈入生态文明阶段。

2.生态文明是社会文明的一个方面

这种观点认为，从狭义的角度来说，生态文明是继物质文明、精神文明、政治文明之后的第四种文明。物质文明为和谐社会奠定雄厚的物质保障，政治文明为和谐社会提供良好的社会环境，精神文明为和谐社会提供智力支持，生态文明是现代社会文明体系的基础。

3.生态文明是一种发展理念

这种观点认为，生态文明与"野蛮"相对，指的是在工业文明已经取得成果的基础上，用更文明的态度对待自然，拒绝对大自然进行野蛮与粗暴的掠夺，积极建设和认真保护良好的生态环境，改善与优化人与自然的关系，从而实现经济社会可持续发展的长远目标。

4.生态文明是社会主义的本质属性

这种观点认为，生态问题实质是社会公平问题，受环境灾害影响的群体是更大的社会问题。资本主义的本质使它不可能停止剥削而实现公平，只有社会主义才能真正解决社会公平问题，从而在根本上解决环境公平问题。因此认为生态文明是社会主义文明体系的基础，是社会主义基本原则的体现，只有社会主义才会自觉承担起改善与保护全球生态环境的责任。

5.生态文明是整体性和综合性的文明形式

这种观点认为，生态文明是当代知识经济、生态经济和人力资本经济相互融通构成的整体性文明。它不仅是遵循自然规律、经济规律和社会发展规律的文明，还是一种遵循特殊规律的文明，即遵循科学技术由"单一到整合、一维到多维"综合应用规律的文明。

二、生态文明的特征

生态文明作为一个独立的文明形态，主要包括生态意识文明、生态制度文明、生态管理文明、生态社会文明、生态经济文明、生态环境文明和生态行为文明等七个子系统的文明形态。

生态意识文明是指人们正确对待人与人、人与社会、人与自然的环境观念和生态意识形态，要求把人对自然的改造限制在地球生态条件所容许的限度内，反对片面地强调人对自然的统治，反对无止境地追求物质享乐的盲目倾向。生态制度文明是人们正确对待生态问题的一种进步的制度形态，包括：生态法规、生态法律、生态规范、各种生态条例等。生态管理文明是指政府通过各种国家强制工具和手段来规范和实现生态文明建设内容的有效、有序、高速推进的全过程，其重点突出强制性生态技术法制的地位和作用。生态社会文明主要是指约束和规范人类生产生活过程中所有经济、社会、文化的行为文明方式的总和。生态经济文明是整个生态文明建设的经济基础，主要可分为生态农业、生态工业和生态服务业等建设内容。生态环境文明是生态文明建设整个系统的物质系统，它是提供人类幸福生活或生存的根本和源泉，是提高人类社会的生态和谐和环境健康福利水平的基本点。生态行为文明是指在一定的生态文明观和生态文明意识指导下，人们在生产生活实践中推动生态文明进步发展的活动，包括清洁生产、循环经济、环保产业以及一切具有生态文明意义的参与和管理活动。

生态文明主张在改造自然的过程中发展物质生产力，不断提高人们的物质生活水平，但是生态文明更突出自然生态的重要，强调尊重和保护自然环境，强调人类在改造自然的同时必须尊重和爱护自然，而不能随心所欲，盲目蛮干，为所欲为。追求生态文明的过程是人类不断认识自然、适应自然的过程，也是人类不断修正自己的错误、改善与自然的关系和完善自然的过程。人类应该科学定位自己在自然界中的位置，强调人与自然环境的相互依存、相互促进、共处共融。解决生态安全问题归根到底须检讨人类自身的行为方式、节制人类自身的欲望。建设生态文明的关键在于人类真正做到用文明的方式对待生态，只有尊重自然、爱护生态环境、遵循自然发展规律才能实现人与自然界的协调发展。

生态文明是社会和谐和自然和谐相统一的文明，是人与自然、人与人、人与社会和谐共生的文化伦理形态，与工业文明相比，生态文明所体现的是一种更广泛更具有深远意义的公平，它包括人与自然之间的公平、当代人之间的公平、当代人与后代人之间的公平，是既充分体现公平与效率统一又体现社会公平与生态公平统一的文明。生态文明要求当代人不能肆意挥霍资源、践踏环境，必须留给子孙后代一个生态良好、可持续发展的环境与地球。把生态文明纳入全面建设小康社会的总体目标，显示出中国共产党人对历史负责的态度，反映出为中华民族子孙后代着想的意愿。

生态文明关系到人类的繁衍生息，是人类赖以生存发展的基础。作为对工业文明的超越，生态文明代表了一种更为高级的人类文明形态，代表了一种更为美好的社会和谐理想。生态文明是保障发展可持续性的关键，没有可持续的生态环境就没有可持续发展，保护生态就是保护可持续发展能力，改善生态就是提高可持续发展能力。只有追求生态文明，才能使人口环境与社会生产力发展相适应，使经济建设与资源、环境相协调，实现良性循环，保证一代一代永续发展。

生态文明具有系统性、整体性，要从整体上把握生态文明，把自然界看成一个有机联系的整体，把人类看作自然界的有机组成部分。地球生态是一个有机系统，其中的有机物、无机物、气候、生产者、消费者之间时时刻刻都存在着物质、能量、信息的交换和相互作用、相互影响。生态问题是全球性的，生态文明要求我们具有全球眼光，从整体的角度来考虑问题。例如，保护大气层、保护海洋、保护生物多样性、稳定气候、防止毁灭性战争和环境污染等，必须依靠全球协作。生态文明的价值观强调尊重和保护地球上的生物多样性，强调人、自然、社会的多样性存在，强调人与自然公平，物种间的公平，承认地球上每个物种都有其存在的价值。

建设生态文明，需要大规模开发和使用清洁的可再生能源，实现对自然资源的高效、循环利用；需要逐步形成以自然资源的合理利用和再利用为特点的循环经济发展模式。要按照自然生态系统物质循环和能量流动规律重构经济系统，使经济系统和谐地纳入自然生态系统的物质循环过程，建立一种符合生态文明要求的经济发展方式，使所有的物质和能源能够在一个不断进行的经济循环中得到合理和持久的利用，把经济活动对自然环境的影响降低到尽可能小的程度。

生态文明认为，人不是万物的尺度，人类和地球上的其他生物种类一样，都是组成自然生态系统的一个要素。不仅人是主体，自然也是主体；不仅人有价值，自然也有价值；不仅人有主动性，自然也有主动性；不仅人依靠自然，所有生命都依靠自然。因而人类要尊重生命和自然界，承认自然界的权利，对生命和自然界给予道德关注，承认对自然负有道德义务。只有当人类把道德义务扩展到整个自然共同体的时候，人类的道德才是完整的。生态文明的文化性，是指一切文化活动包括指导我们进行生态环境创造的一切思想、方法、组织、规划等意识和行为都必须符合生态文明建设的要求。培育和发展生态文化是生态文明建设的重要内容。

第二节 中国建设生态文明重大战略的演进

一、生态文明建设政治背景

新中国成立以来，党和政府的执政理念发生了深刻的变革。随着我国对人与自然关系的认识不断加深，我国政府先后提出了一系列解决资源、环境问题的战略思想，做出了一系列的相关部署（见图 1-1）。

2003 年 10 月召开的中共十六届三中全会提出了科学发展观，科学发展观是对党的三代中央领导集体关于发展的重要思想的继承和发展，是同马克思列宁主义、毛泽东思想、邓小平理论和"三个代表"重要思想既一脉相承又与时俱进的科学理论，是发展中国特色社会主义必须坚持和贯彻的重大战略思想。

在 2007 年 10 月的十七大报告中，中国共产党首次将生态文明提到了与物质文明、精神文明、政治文明同样的战略高度，实乃世界执政党的伟大创举，这也昭示着中国作为举足轻重的政治经济大国已肩负起这份生态责任。

2012 年召开的中国共产党第十八次全国代表大会系统化、理论化、完整化地提出了生态文明的战略任务，将生态文明建设纳入社会主义现代化建设

"五位一体"总体布局。大会将生态文明建设确立为与政治建设、文化建设、社会建设和经济建设并行的五大战略重点任务之一，生态文明建设被正式纳入我国社会主义事业总体布局。

2015 年 3 月 24 日，中共中央政治局审议通过了《关于加快推进生态文明建设的意见》，并明确提出协同推进新型工业化、城镇化、信息化、农业现代化和绿色化，使生态文明建设既有理论上的"抓手"，也有了实践的路径。

2015 年十八届五中全会通过的《中共中央关于制定国民经济和社会发展第十三个五年规划的建议》，首次提出创新、协调、绿色、开放、共享五大发展理念。这五大发展理念是"十三五"乃至更长时期我国发展思路、发展方向、发展着力点的集中体现，集中反映了我们党对经济社会发展规律认识的不断深化，彰显了我国在经济新常态下开拓发展方式新革命、提升发展水平新境界的决心与信心。

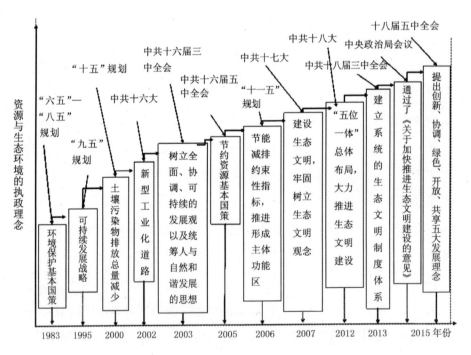

图 1-1　1983—2015 年我国资源与环境问题的执政理念

总之，生态文明关系到一个国家的生存和发展，因此成为现代化建设中的一个事关人民群众切身利益的重大政治问题，而且，生态文明与我们党一贯倡导和追求的理念是一脉相承的，是对我们党关于资源与环境问题认识的再升华。改革开放以来，我们党始终根据历史条件和形势任务的变化，适时提出相应的发展理念和发展战略，引领和指导发展实践，从"以经济建设为中心"到"以人为本"，从坚持"两手抓、两手都要硬"到"五位一体"总体布局，从"稳定压倒一切"到"建立和谐社会"，从"节能减排"到"创新、协调、绿色、开放、共享"，每一次发展理念的革新变迁，都是对时代呼声的有力回应，都体现了继承基础上的创新、实践基础上的升华，都提升了发展的新水平、推动了发展的新跨越。我国政府对经济社会发展观的变化，是对人类发展历史的重大贡献。

二、生态文明建设经济背景

任何一种社会形态的发展，都必须以产业经济的发展为基础。就我国的经济发展现状来看，有以下经济背景：

1.从经济资源方面看

在人类生存和发展面临的诸多问题中，经济增长与资源消耗之间的矛盾最突出。资源是经济快速增长的基础，人类社会经济发展对资源有很强的依赖性，然而资源作为经济动力因素的同时，又可能因为其逐渐耗竭以及在资源消耗过程中出现的生态、环境严重问题而阻碍社会经济发展。当前世界资源、环境的危机归根到底都是资源效率危机。环境问题是资源问题的表现形式，出现环境问题的更深层的原因是资源的使用效率不足和使用手段不科学。随着我国经济的快速增长，加之我国巨大的人口压力，资源效率面临的形势尤其严峻。只有按照生态文明建设的新目标要求，通过更有效的资源使用手段来提高单位资源的生产力水平，才能逐步降低对资源的过度依赖，把对环境的影响控制在自然生态系统和人类经济社会可承受的阈值范围内，最终实现可持续发展。

2. 从经济发展状况看

在改革开放推动下，我国经济持续快速发展，经济平均年增长 9% 左右，经济实力和综合国力不断增强。但与此同时，我国生产力总体水平还不高，自主创新能力还不强，结构性矛盾依然突出，粗放型增长付出了过大的资源和环境代价。全面建设小康社会和实现现代化，不仅经济总量需要继续增长，更艰巨的任务是提高科技水平和经济增长质量。

3. 从经济体制转轨看

改革经历了从农村到城市、从经济领域到其他各个领域，以公有制为主体、多种经济成分共同发展的基本经济制度已经形成，社会主义市场经济体制初步建立，为经济发展注入了强大活力。但是，社会主义市场经济体制还不够完善，影响经济社会进一步发展的体制机制障碍依然存在，改革攻坚面临着深层次的矛盾和问题。2015 年十八届五中全会通过的《中共中央关于制定国民经济和社会发展第十三个五年规划的建议》首次提出创新、协调、绿色、开放、共享五大发展理念，绿色理念揭示了如何解决人与自然和谐问题，着眼于发展的永续性，顺应人民对美好生活的追求。如何进一步深化改革，为绿色发展提供体制保障，仍然是我们面临的重大课题。

三、我国生态文明建设的演进与发展

我们党和政府始终高度重视生态文明的建设，二十世纪八十年代初，我们就把保护环境作为基本国策。进入新世纪，又把节约资源作为基本国策。多年来，我们大力推进生态文明建设，取得了显著成绩。

2003 年 10 月，中共十六届三中全会首次提出了科学发展观，提出"坚持以人为本，树立全面、协调、可持续的发展观，促进经济社会和人的全面发展"，强调"按照统筹城乡发展、统筹区域发展、统筹经济社会发展、统筹人与自然和谐发展、统筹国内发展和对外开放的要求"，推进改革与发展。

2004 年 9 月，中共十六届四中全会明确将"坚持以人为本、全面协调可持续的科学发展观，更好地推动经济社会发展"作为我党的执政经验之一。

2005年10月，中共十六届五中全会提出："要加快建设资源节约型、环境友好型社会，大力发展循环经济，加大环境保护力度，切实保护好自然生态，认真解决影响经济社会发展，特别是严重危害人民健康的突出的环境问题，在全社会形成资源节约的增长方式和健康文明的消费模式。"

2006年10月11日，中共十六届六中全会提出："坚持协调发展，加强社会事业建设，加强环境治理保护，促进人与自然相和谐。以解决危害群众健康和影响可持续发展的环境问题为重点，加快建设资源节约型、环境友好型社会。"

2007年，中国共产党首次把建设生态文明写入了党的政治报告，生态文明从此成为我国现代化建设中与物质文明、政治文明、精神文明并列的重要组成部分，标志着中国正式全面开启了生态文明建设的宏伟征程，成为中国政府践行科学发展、追求可持续发展的有益探索。而今，生态文明理念已经成为当今世界理论界和学术界讨论的热点，生态文明的发展状况开始成为衡量一个国家整体发展水平的重要指标。

党的十七大报告在全面建设小康社会奋斗目标的新要求中，第一次明确提出了建设生态文明的目标。物质文明是人类在社会发展中改造自然的物质成果，它表现为物质生产的进步和人们物质生活的改善。生态文明是人类在发展物质文明过程中保护和改善生态环境的成果，它表现为人与自然和谐程度的进步和人们生态文明观念的增强。"生态文明"写入十七大报告，既是我国多年来在环境保护与可持续发展方面所取得成果的总结，也是人类对人与自然关系所取得的最重要认识成果的继承和发展。

党的十七届五中全会明确提出提高生态文明水平。绿色建筑、绿色施工、绿色经济、绿色矿业、绿色消费模式、政府绿色采购不断得到推广。"绿色发展"被明确写入"十二五"规划并独立成篇，表明我国走绿色发展道路的决心和信心。

党的十八大报告更是首次把生态文明建设提升至与经济、政治、文化、社会四大建设并列的高度，列为建设中国特色社会主义的"五位一体"的总布局之一，成为全面建成小康社会任务的重要组成部分，标志着中国现代化转型正式进入了一个新的阶段。生态文明要"融入经济建设、政治建设、文化建设、社会建设各方面和全过程"。这实质上确立了生态文明在"五位一体"中的基础作用，生态文明就如一条"红线"贯穿于中国特色社会主义道路中，将经济建设、政治建设、文化建设、社会建设紧密联系起来，形成一个有机整体。胡锦涛同志在十八大报告中提出："坚持节约资源和保护环境的基本国策，坚持节约优先、保护优先、自然恢复为主的方针，着力推进绿色发展、循环发展、低碳发展，形成节约资源和保护环境的空间格局、产业结构、生产方式、生活方式，从源头上扭转生态环境恶化趋势，为人民创造良好生产生活环境，为全球生态安全作出贡献。"

自党的十八大首提"美丽中国"、将生态文明纳入"五位一体"总体布局以来，习近平总书记有关生态文明的讲话、论述、批示超过 60 次。"绿水青山就是金山银山"、"APEC 蓝"、"乡愁"等"习式生态词汇"广为人知。

2012 年 12 月，习近平在广东考察时谆谆告诫："我们在生态环境方面欠账太多了，如果不从现在起就把这项工作紧紧抓起来，将来付出的代价会更大。"

2013 年 4 月，习近平在参加首都义务植树活动时指出："森林是陆地生态系统的主体和重要资源，是人类生存发展的重要生态保障。不可想象，没有森林，地球和人类会是什么样子。"在习近平看来，林业改革的目标，就是既要生态美，也要百姓富，即"保生态、保民生"。

2013 年 5 月，习近平总书记在中央政治局第六次集体学习时指出："生态兴则文明兴，生态衰则文明衰。生态环境保护是功在当代、利在千秋的事业。要正确处理好经济发展同生态环境保护的关系，牢固树立保护生态环境就是保护生产力、改善生态环境就是发展生产力的理念。"这一重要论述深刻阐明了生态环境与生产力之间的关系，是对生产力理论的重大发展，包含尊重自然、谋求人与自然和谐发展的价值理念和发展理念。

2013 年 9，习近平总书记在哈萨克斯坦纳扎尔巴耶夫大学发表演讲并回答学生们提出的问题，在谈到环境保护问题时他指出："我们既要绿水青山，也要金山银山。宁要绿水青山，不要金山银山，而且绿水青山就是金山银山。"这生动形象表达了我们党和政府大力推进生态文明建设的鲜明态度和坚定决心。要按照尊重自然、顺应自然、保护自然的理念，贯彻节约资源和保护环境的基本国策，把生态文明建设融入经济建设、政治建设、文化建设、社会建设各方面和全过程，建设美丽中国，努力走向社会主义生态文明新时代。

习近平对"两山论"进行了深入分析："在实践中对绿水青山和金山银山这'两座山'之间关系的认识经过了三个阶段：第一个阶段是用绿水青山去换金山银山，不考虑或者很少考虑环境的承载能力，一味索取资源。第二个阶段是既要金山银山，但是也要保住绿水青山，这时候经济发展和资源匮乏、环境恶化之间的矛盾开始凸显出来，人们意识到环境是我们生存发展的根本，要留得青山在，才能有柴烧。第三个阶段是认识到绿水青山可以源源不断地带来金山银山，绿水青山本身就是金山银山，我们种的常青树就是摇钱树，生态优势变成经济优势，形成了浑然一体、和谐统一的关系，这一阶段是一种更高的境界。"

2013年11月，党的十八届三中全会指出："我们要认识到，山水林田湖是一个生命共同体，人的命脉在田，田的命脉在水，水的命脉在山，山的命脉在土，土的命脉在树。"习近平总书记要求采取综合治理的方法，把生态文明建设融入经济建设、政治建设、文化建设、社会建设的各方面与全过程，作为一个复杂的系统工程来操作，加快建立生态文明制度，健全国土空间开发、资源节约利用、生态环境保护的体制机制，推动形成人与自然和谐发展现代化建设新格局。

2014年2月，习近平总书记在专题听取京津冀协同发展工作汇报时指出，华北地区缺水问题本来就很严重，如果再不重视保护好涵养水源的森林、湖泊、湿地等生态空间，再继续超采地下水，自然报复的力度会更大。

2014年3月，在中央财经领导小组第5次会议上，习近平总书记提出问题："原油可以进口，世界石油资源用光后还有替代能源顶上，但水没有了，到哪儿去进口？"众所周知，森林、湖泊、湿地是天然水库，具有涵养水量、蓄洪防涝、净化水质和空气的功能。然而，全国面积大于10平方公里的湖泊已有200多个萎缩；全国因围垦消失的天然湖泊有近1000个；全国每年1.6万亿立方米的降水直接入海、无法利用。总书记指出，治水的问题，过去我们系统研究不够，"今天就是专门研究从全局角度寻求新的治理之道，不是头疼医头、脚疼医脚"。

2014年11月，习近平在APEC欢迎宴会上致辞时表示："希望北京乃至全中国都能够蓝天常在、青山常在、绿水常在，让孩子们都生活在良好的生态环境之中，这也是中国梦中很重要的内容。"

2014年12月，在中央政治局常委会会议上，习近平强调："森林是陆地生态的主体，是国家、民族最大的生存资本，是人类生存的根基，关系生存安全、淡水安全、国土安全、物种安全、气候安全和国家外交大局。森林是我们从祖宗继承来的，要留传给子孙后代，上对得起祖宗，下对得起子孙。必须从中华民族历史发展的高度来看待这个问题，为子孙后代留下美丽家园，让历史的春秋之笔为当代中国人留下正能量的记录。"

2015年新年伊始，习近平总书记在云南考察工作时叮嘱，一定要把洱海保护好，让"苍山不墨千秋画，洱海无弦万古琴"的自然美景永驻人间。"要把生态环境保护放在更加突出位置，像保护眼睛一样保护生态环境，像对待生命一样对待生态环境，在生态环境保护上一定要算大账、算长远账、算整体账、算综合账，不能因小失大、顾此失彼、寅吃卯粮、急功近利。生态环境保护是一个长期任务，要久久为功。"

2015年3月6日，习近平总书记在参加十二届全国人大三次会议江西代表团审议时，对江西工作提出了"一个希望、三个着力"的要求，希望江西在经济工作上主动适应、把握经济发展的新常态，以提高经济发展质量和效益为中心，锐意进取、攻坚克难，奋力取得新的更大的成绩；要求江西着力推动老区加快发展、着力推动生态环境保护、着力推动作风建设。习近平的讲话给江西发展注入了强大动力、指明了前进方向、提供了根本遵循。

2015 年 10 月，十八届五中全会审议通过了《中共中央关于制定国民经济和社会发展第十三个五年规划的建议》，提出了全面建成小康社会的新目标，首次提出创新、协调、绿色、开放、共享五大发展理念，为中国"十三五"乃至更长时期的发展描绘出新蓝图。习近平总书记强调："实现'十三五'时期发展目标，破解发展难题，厚植发展优势，必须牢固树立并切实贯彻创新、协调、绿色、开放、共享的发展理念。"坚持绿色发展，必须坚持可持续发展，推进美丽中国建设，为全球生态安全作出新贡献。构建科学合理的城市化格局、农业发展格局、生态安全格局、自然岸线格局，推动建立绿色低碳循环发展产业体系。推动低碳循环发展，建设清洁低碳、安全高效的现代能源体系，实施近零碳排放区示范工程。加大环境治理力度，深入实施大气、水、土壤污染防治行动计划，实行省以下环保机构监测监察执法垂直管理制度。筑牢生态安全屏障，坚持保护优先、自然恢复为主，实施山水林田湖生态保护和修复工程，开展大规模国土绿化行动，完善天然林保护制度，开展蓝色海湾整治行动。这是首次将生态文明建设列入十大目标，将美丽中国建设写入五年规划，又把绿色发展作为五大发展理念之一。

2016 年 2 月，习近平总书记来江西省视察时，对江西工作提出了新的希望和"三个着力、四个坚持"的总体要求："希望江西主动适应经济发展新常态，向改革开放要动力，向创新创业要活力，向特色优势要竞争力，奋力夺取全面建成小康社会决胜阶段新胜利；坚持用新理念引领新发展，坚持做好农业农村农民工作，坚持把共享理念落到实处，坚持弘扬井冈山精神，使之成为我们谋划发展、推动工作的根本方向和基本遵循。具体工作上，就是要狠抓高新产业发展不动摇，突出三农工作提升不偏废，聚焦民生事业进步不放松，盯紧八一精神弘扬不懈怠。"

2016 年 3 月 7 日和 10 日全国"两会"期间，习近平总书记分别在参加黑龙江和青海代表团审议时表示，"要加强生态文明建设，划定生态保护红线，为可持续发展留足空间，为子孙后代留下天蓝地绿水清的家园"；"在生态环境保护建设上，一定要树立大局观、长远观、整体观，坚持保护优先，坚持节约资源和保护环境的基本国策，像保护眼睛一样保护生态环境，像对待生命一样对待生态环境，推动形成绿色发展方式和生活方式"。这是对江西"走出一条经济发展和生态文明相辅相成、相得益彰的路子，打造生态文明建设的江西样板"的要求在内容和范围上的拓展与延伸。

第三节　"美丽中国"生态文明建设的要求

十八大报告首次提出"建设美丽中国""实现中华民族永续发展"的全新概念。推进生态文明、建设"美丽中国"，这是着眼于关系人民福祉、关乎民族未来发展的长远大计、根本之策。建设"美丽中国"，承载着一代又一代中国共产党人对中国未来发展的美好愿景，承续着"青春中国""可爱中国""新中国""富强民主文明中国""和谐中国"的中国梦。

美是一种追求。报告中，"美丽中国"这一词汇被赋予了新的内涵，蕴藏着多层寓意。"美丽中国"指的是生态文明的"自然之美、科学发展的和谐之美、温暖感人的人文之美"，其旨意是实现人与自然、人与社会、人与人、人与自身的和谐发展、科学发展及小康社会，包含政治、经济、文化、社会发展基础上的"经济建设、政治建设、文化建设、社会建设、生态文明建设"五位一体，促进现代化建设各方面相协调，促进生产关系与生产力、经济基础与上层建筑相协调的"生产发展、生活富裕、生态良好"的文明发展进程和成果。这是一幅以青山绿水、鸟语花香、幽静宜人为新符号的，人文的、生态的、美丽的、绿色的、文明的、现代化画卷。"美丽中国"，凸显党和政府的执政理念更加尊重自然和人民的感受，更加注重人与人、人与自然、人与社会、人与人自身的和谐发展。

生态文明建设是实现"美丽中国"的基础和保障。生态文明以人与自然协调发展作为行为准则，建立健康有序的生态机制，实现经济、社会、自然环境的可持续发展。生态文明着重强调人类在处理与自然关系时所达到的文明程度，重点在于协调人与自然的关系，核心是实现人与自然和谐相处、协调发展。建设"美丽中国",首先要有良好的生态环境,要有自然之美,这是基础和前提。只有加强生态文明建设,使公民在一个优美的自然生态环境中和谐相处,人们才能增强对建设"美丽中国"的认同和信心,才能推动建成社会主义和谐社会。因此,建设"美丽中国",必须重视人与自然和谐相处,必须把建设生态文明放在突出位置。建设"美丽中国",要求把生态文明建设放在突出地位,融入经济建设、政治建设、文化建设、社会建设各方面和全过程,要在更高层面上、更大范围内审视和解决中国突出的环境问题,积极探索中国环境保护的新道路,推动生态文明建设取得积极进展,从源头上扭转生态环境恶化趋势,为人民创造良好生产生活环境。

一、牢固树立生态文明观念

历经六十多年建设发展,中国日益走向繁荣富强。毋庸讳言,许多发达国家工业化时期出现的问题也摆在了中国面前。正如十八大报告中明确指出的:面对资源约束趋紧、环境污染严重、生态系统退化的严峻形势,必须树立尊重自然、顺应自然、保护自然的生态文明理念,把生态文明建设放在突出地位。

生态文明既是广大人民的共同心愿,也是每一个公民义不容辞的责任。因此,人民群众是建设资源节约型、环境友好型社会的力量源泉,要想把节约资源和环境保护的政策落实好,就必须依靠广大的人民群众,广泛动员全社会的力量共同参与,加强对公民生态意识的教育、宣传和培养,使人们认识到生态文明建设的重要性,从而把生态文明理念转变为全社会的自觉行动。鼓励创建绿色社区等公益活动,使生态建设的思想深入学校,使生态文化成为校园文化。大力提倡绿色消费和文明生活,杜绝将自己的享受建立在破坏生态环境基础之上的消费模式。恩格斯在一百多年前就曾警告我们:"我们不要过分陶醉于我们人类对自然界的胜利,对于每一次这样的胜利,自然界都对我们进行报复。"因此,我们在平时的生产生活中要节水节电节能,形成健康文明的生活方式,政府企业各类社会组织、家庭个人等社会主体都应该积极行动起来，转变与生态文明不相适应的生产和消费观念，树立尊重自然爱护环境的观念和行为规范，维护和改善生态环境。

二、加强生态文明制度建设

把资源消耗、环境损害、生态效益纳入经济社会发展评价体系，建立体现生态文明要求的目标体系考核办法以及奖惩机制。首先，要培养各级领导干部树立正确的生态观和发展观，除了要在公民范围内建立相关生态文明理念以外，各级领导干部更需要这方面的引导和学习，充分掌握经济活动对生态系统产生的影响和变化，增强对环境质量变化的判断能力和面对实际问题的应变能力，努力建设生态文明。其次，要推出更为完善的法律法规和自觉性制度，为生态环境保护提供法律依据。一方面，要补充和修订现有的环保法律法规，着力解决现有法律法规中一些自相矛盾和操作性差的问题；另一方面，要切实提高执法力度，扩大执法范围，解决有法不依、执法不严、违法不究以及行政不作为的问题，加大对于违法行为的惩处力度。最后，要积极稳妥地执行以绿色 GDP 为主要内容的新型核算和考评制度，逐步改变以GDP 为纲的发展方式，要抓紧建立地区资源节约和生态环境保护绩效评价体系，完善相关制度和技术手段，开展绩效考评并实施目标责任管理，将考评结果纳入各级干部政绩考核体系，建立并认真落实各级政府职能部门和企业节能减排的责任制。

三、加大自然生态系统和环境保护力度

建设"美丽中国"，必须把环境生态保护放在重要位置。国务院副总理张高丽在 2013《财富》全球论坛上指出："我们将加强资源环境生态保护，努力建设天蓝地绿水净的美好家园。我一直认为，人类文明和中国发展，与生态环境息息相关。经济社会发展了，生态环境也得保护好，这才是真水平，这才是对人民群众高度负责。古巴比伦文明由繁荣走向衰败，跟环境生态变化有很大关系。我们将下大决心，通过艰苦的、长期的、不懈的努力，以治理

雾霾、治理 PM2.5 为切入点，特别是在京津冀、长三角、珠三角地区实施有效的行动计划，综合施策，区域联动，带动全国的治理工作，并逐步开展饮用水、土壤等环境综合整治，为人民群众创造良好的生产生活环境，为应对全球气候变化做出应有贡献。"

建设"美丽中国"，要实施重大生态修复工程，增强生态产品生产能力，推进荒漠化石漠化水土流失综合治理，要强化对水源、土地、森林、草原、海洋生物等自然资源的生态保护，继续推进天然林保护退耕还林、退牧还草、水土流失治理、湿地保护、荒漠化石漠化治理等生态工程，加强对自然保护区重要生态功能区海岸带等的生态保护，开展植树造林，不断改善生态环境。

四、转变经济发展方式，发展绿色经济

由于中国长期采取粗放型的以过度消耗资源、破坏环境为代价的增长模式，因此给经济和社会发展带来的后果日益严重。当前，全世界的能源和经济结构都在资本的作用下进行着重大调整，如果中国仍然按照同一种增长方式，势必造成重复建设与资源浪费。为此，必须快转变经济发展方式，推动产业结构优化升级，坚持走中国特色新型工业化道路，把建设资源节约型社会和环境友好型社会放在工业现代化发展战略的突出位置，加大节能环保投入，有效控制主要污染物的排放，杜绝那种先污染后治理的发展路径，最大可能地降低经济增长所带来的资源环境破坏的影响，提高人民群众生活的质量。

建设"美丽中国"，必然要求发展绿色经济、循环经济和低碳经济。循环经济要求把经济发展建立在尊重生态规律的基础上，转变传统经济发展模式，把传统经济发展中"资源—产品—废物排放"的单向模式转化为"资源—产品—再生资源"的闭环式模式。循环经济的本质是生态经济，反映了人类社会正在不断寻求与自然相和谐的发展道路。当前，循环经济的发展方兴未艾，已成为世界性的潮流和趋势，一些发达国家把它作为实施可持续发展战略的重要途径，并以立法的方式加以推进。

当前，在全球气候变暖的背景下，以低能耗、低污染为基础的"低碳经济"成为全球热点。节能减排势在必行，低碳发展已经逐渐成为社会发展的必然趋势，低碳生活不仅是一种态度、一种义务，更是一种责任。中国是一个负责任的大国，一个负责任的国家必然要有负责任的公民。我们不仅要倡导低碳生活，更应该主动践行低碳生活，只有坚定不移地发展循环经济和低碳经济，才能使"美丽中国"建设真正落到实处。

五、加大科技支持力度

技术进化的必然性、可选择性以及技术的社会选择的理智性，都是人类摆脱技术负效应的基本前提，是保护生态环境、建设"美丽中国"的重要保证。通过生态科技的开发、应用以及推广，可望在不久的将来从根本上解决困扰中国现代化建设的生态环境问题，留给子孙后代的将是一个美丽、可持续的生存家园。

综上所述，"美丽中国"不只是一个新概念，也不只是与生态文明有关，它是一个语言形象、内涵丰富的发展新理念和新模式，是着眼于中国现实国情和未来发展定位提出的重要战略目标。其中，把生态文明建设放在突出地位，并融入经济建设、政治建设、文化建设、社会建设的各方面和整个过程，这种"五位一体"的做法是建成"美丽中国"的关键。

第四节　江西建设生态文明的历程

江西省地处我国东南部，全省国土总面积16.69万平方公里，约占全国陆地面积的1.74%。整个地势周高中低，渐次向北倾斜，构成一个向北开口的巨大盆地。江西地处中亚热带，四季变化分明。境内降水量较为丰富，但地区分布不均衡。境内河湖密布，水量充沛，水质优良，河网密集而均匀，是典型的江南水乡。境内河流多发源于周边山地，赣江、抚河等主要河流均汇入全国最大的淡水湖——鄱阳湖，形成一个几乎覆盖全省国土空间的鄱阳湖水系。江西山清水秀、生态环境优良，生态环境质量位居全国前列，全省森林覆盖率高达 63.1%，被誉为中国"最绿的省"之一；主要河流及湖库Ⅰ~Ⅲ类水质断面（点位）比例达 80.7%，高出全国 30 多个百分点；空气质量优良，11 个设区市城区环境空气质量全部达到二级以上；拥有 44 个国家级森林公园、15 个国家湿地公园、11 个国家级自然保护区。截至 2015 年底，江西生态环境质量位居全国前列，主要污染物减排提前完成了"十二五"目标任务，江西的天更蓝、地更绿、水更清。

一、理念的坚持

江西注重生态文明建设，从"山江湖工程"到"保护东江源·珍爱鄱阳湖"再到"灭荒造林，造林绿化"等重大生态建设和环境保护工程，从二十世纪七八十年代以来，如何让江西既加快发展，使全省人民过上幸福美好的生活，又切实保护好、建设好、发展好青山绿水，走出一条科学发展、绿色崛起之路，是历届省委、省政府深入思考、不断探索的重大课题。

江西历届省委、省政府高度重视生态文明建设，江西改革开放 30 多年来的发展理念、发展战略，充分体现了生态文明建设尊重自然、顺应自然、保护自然的核心要求。

二十世纪八十年代提出"治湖必须治江，治江必须治山，治山必须治穷"的科学发展理念，启动"山江湖"工程。

新世纪以来，江西省省委、省政府更加认识到生态保护、可持续发展的重要性。2003 年，江西省提出"既要金山银山，更要绿水青山"的发展思路，要求加倍珍惜环境和资源，正确处理发展与合理利用资源、保护生态环境的关系。

2006 年 12 月，中共江西省第十二次代表大会确立了建设"创新创业江西、绿色生态江西、和谐平安江西""三个江西"的战略目标。

2008 年以来，江西确立"生态立省、绿色发展"战略，"五河一湖"生态环境综合治理、造林绿化、城镇污水处理、生态园区建设、农村垃圾无害化处理等重大生态工程建设成效显著。

2009 年 12 月 12 日，国务院批复《鄱阳湖生态经济区规划》，标志着建设鄱阳湖生态经济区正式上升为国家战略。国家要求把鄱阳湖生态经济区建设成为世界性生态文明与经济社会发展协调统一、人与自然和谐相处的生态经济示范区和中国低碳经济发展先行区。

2010 年 3 月，中共江西省委第十二届十二次全体扩大会议上指出，要深入贯彻落实科学发展观，加快转变经济发展方式，在新的起点上迈出江西"科学发展、进位赶超、绿色崛起"的新步伐。

2011 年 10 月召开的第十三次江西省党代会上提出"推进科学发展、加快绿色崛起，为建设富裕和谐秀美江西而不懈奋斗"的战略目标。

2013 年 7 月，在中共江西省委十三届七次全会上按照"五位一体"总布局要求，沿着"发展升级、小康提速、绿色崛起、实干兴赣"的治省方略，积极探索经济与生态协调发展、人与自然和谐相处的发展新路子，为进一步开展国家生态文明先行示范区建设积累了较为丰富的经验。生态文明理念已成为全省上下的共识，推进生态文明建设已成为各级政府发展经济、保障民生的自觉行动。

2015 年 7 月，省委十三届十一次全体会议分析当前经济形势，安排下半年主要任务，研究深入贯彻"发展升级、小康提速、绿色崛起、实干兴赣"十六字方针特别是全力推进绿色崛起工作。省委书记强卫强调："江西已经进入了可以大有作为的战略机遇期，经济发展新常态、国家战略叠加支撑、建设生态文明先行示范区、风清气正的政治生态和已经形成的强劲发展势能带来了新的重大机遇。"会议强调："努力走出一条具有江西特点的绿色崛起新路子，打造好生态文明建设的江西样板。"

二、实践的探索

从二十世纪七八十年代以来，如何让江西既加快发展，使全省人民过上幸福美好的生活，又切实保护好、建设好、发展好青山绿水，走出一条科学发展、绿色崛起之路，是历届省委、省政府深入思考、不断探索的重大课题。"江西样板"概念的提出及其实践经历了八个标志性的历史阶段（图1-2）。

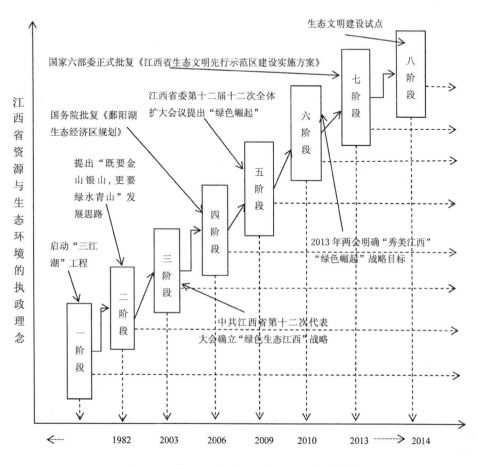

图1-2 近年江西省资源与生态环境的执政理念

第一阶段：启动"山江湖"工程。1982年，江西省委、省政府在大量科学考察、研究基础上，提出"治湖必须治江，治江必须治山，治山必须治穷"的科学发展理念，启动"山江湖"工程。"山江湖工程"成为生态建设的成功典范。

第二阶段：2003年，江西省提出"既要金山银山，更要绿水青山"的发展思路，要求加倍珍惜环境和资源，正确处理发展与合理利用资源，保护生态环境的关系。

第三阶段：提出"绿色生态江西"战略目标。2006 年 12 月，中共江西省第十二次代表大会确立了建设"创新创业江西、绿色生态江西、和谐平安江西""三个江西"的战略目标。

第四阶段："鄱阳湖生态经济区"设想及其国家战略的实施。2009 年 12 月 12 日国务院批复《鄱阳湖生态经济区规划》，标志着建设鄱阳湖生态经济区正式上升为国家战略。国家要求把鄱阳湖生态经济区建设成为世界性生态文明与经济社会发展协调统一、人与自然和谐相处的生态经济示范区和中国低碳经济发展先行区。这也是新中国成立以来，江西省第一个被纳入国家战略的区域性发展规划，是江西发展史上的重大里程碑。

第五阶段："绿色崛起"的提出。2010 年 3 月，中共江西省委第十二届十二次全体扩大会议上指出，要深入贯彻落实科学发展观，加快转变经济发展方式，在新的起点上迈出江西"科学发展、进位赶超、绿色崛起"的新步伐。

第六阶段："秀美江西""绿色崛起"战略目标的明确。在 2013 年的"两会"上，江西省政府鹿心社省长提出实现建设富裕和谐秀美江西的具体目标。7 月 22 日召开的江西省委第十三届七次全体扩大会议更进一步提出了"发展升级、小康提速、绿色崛起、实干兴赣""16 字方针"，成为引领江西科学发展的总纲领、总思路。

第七阶段：生态文明先行示范区建设。2014 年 11 月，国家六部委正式批复《江西省生态文明先行示范区建设实施方案》，标志着江西省成为首批全境列入生态文明先行示范区建设的省份之一。这不仅标志着江西省建设生态文明先行示范区上升为国家战略，也是江西省第一个全境列入的国家战略，而且意味着江西在实现绿色崛起的征途上迈出了关键一步。

2015 年 11 月，江西省生态文明先行示范区建设现场推进会在武宁县召开。江西省委书记强卫在会上提出，要奋力走出一条具有江西特色的绿色崛起新路。会上还宣布了江西省首批 16 个生态文明先行示范县（市、区）名单（见表 1-1）。在此会议上，还公布了省级"总河长"及省级负责河流"河长"名单。江西省委书记强卫担任省级"总河长",省长鹿心社担任省级副"总河长"。省领导莫建成、谢亦森、冯桃莲、尹建业、郑为文、钟利贵、孙菊生分别担任赣江、信江、抚河、鄱阳湖、饶河、长江江西段、修河省级"河长"。根据工作推进要求,江西省将在 2016 年完成县以上试点,2017 年全境河流实施"河长制"。

表 1-1 江西省首批 16 个生态文明先行示范县（市、区）名单

江西省第一批生态文明先行示范县（市、区）	
武宁县	婺源县
崇义县	泸溪县
南昌市湾里区	浮梁县
资溪县	南昌市新建区
安福县	共青城市
安远县	余江县
靖安县	铜鼓县
宜丰县	奉新县

绿色生态是江西最大的财富、最大的品牌、最大的后劲,是江西经济社会发展的一条"生命线"。开展生态文明先行示范区建设,对于把生态优势转化为发展优势、实现绿色崛起,巩固长江中下游生态安全屏障、支撑长江经济带建设,推动发展方式向绿色循环低碳转变、提高资源高效清洁利用水平,实现在保护中发展、在发展中保护,为全国生态文明建设积累经验、提供示范具有重要意义。

2015 年,江西省采取切实措施深入开展"净水""净空""净土"行动,实施重点行业脱硫脱硝、除尘设施改造升级、机动车尾气污染防治三大工程;加快"五河一湖"环保整治、鄱阳湖流域水环境综合治理等工程建设和城镇污水处理厂建设完善,加强土壤污染源头综合整治,全省地表水Ⅰ～Ⅲ类水质断面（点位）达标率为 81.0%;11 个设区市环境空气质量平均达标天数比率为 90.1%;全省生态环境质量居全国前列。

第八个阶段：生态文明建设试点示范建设，立法更趋完善。近年来，江西的生态立法步伐明显加快。截至目前，江西省颁布了如《鄱阳湖生态经济区环境保护条例》《江西省赣江流域水污染防治与生态保护办法》《江西省湿地保护条例》等多部生态环境建设法规和规章，其中，《鄱阳湖生态经济区规划》上升为国家战略，既为江西科学发展提供了明晰的"路线图"，也是江西生态文明建设的新探索。同时，江西省努力平衡上下游的发展机会，在法规中主要体现于流域间补偿、森林生态效益补偿等，如《江西省人民政府关于实施江河下游地区对上游地区森林生态效益补偿的通知》《南昌市级财政森林生态效益补偿基金管理暂行办法》《上饶市人民政府关于实施江河下游地区对上游地区森林生态效益补偿的通知》等。江西生态立法的步伐加快，为建设富裕和谐秀美江西提供了法制保障。

除此之外，《国务院关于支持赣南等原中央苏区振兴发展的若干意见》正式出台，对于全国革命老区加快发展具有标志性意义和示范作用。《江西省主体功能区规划》的实施，有利于引导经济布局、人口分布与资源环境承载能力相适应，促进人口、经济、资源环境的空间均衡，实现可持续发展。

2015年，江西省建立县（市、区）级以上三级"河长制"，探索河流预防污染的长效机制。出台了《江西流域生态补偿办法》，在全国率先实现全境流域生态补偿。进一步完善了市县科学发展综合考核评价办法，加大生态文明建设考核权重，开展了全省首批生态文明先行示范县（市、区）考核评比，鲜明地倡导和树立绿色发展政绩观。2016年2月16日召开省级"总河长"第一次会议，研究制定了"河长制"相关制度及工作规则。

"构建'一湖五河三屏'生态安全格局，建设天蓝、地绿、水净的美丽江西，是我们必须担负的责任和使命。实施'河长制'是落实习近平总书记重要指示、打造美丽中国'江西样板'的必然要求，是倒逼产业转型升级、加快绿色崛起的必然要求，是保障民生、改善民生的必然要求"。"实施'河长制'是深入贯彻落实习近平总书记'打造美丽中国江西样板'重要要求的具体行动；是推进河湖管理体制机制创新，防治水污染、保护水环境、改善水生态的重要举措；是推进生态文明先行示范区建设，打造大湖流域生态保护与科学开发典范区，提高生态文明水平的重要抓手"。

　　纵观江西绿色发展的历程，从"治山、治水、治贫"，"既要金山银山，更要绿水青山"，绝不以牺牲环境和生态为代价换取发展，到建立"鄱阳湖生态经济区"以及"16字方针"的新决策，再到如今的全力打造生态文明建设"江西样板"，体现了历届江西省委、省政府充分认识生态保护在经济社会发展总体战略中的极端重要性，体现了与时俱进的时代精神，始终贯穿着科学发展、绿色崛起的主旋律，始终坚持生态优先的发展思路。

第二章

"秀美江西"生态文明建设的现状与基础

第一节 "秀美江西"与"美丽中国"的内在一致性

"秀美江西"是江西省建设"美丽中国"、推行生态文明建设的具体实践，是"美丽中国"的重要组成部分，在目标、发展模式和建设路径上都是一致的。

1.以"秀美江西"建设促进"美丽中国"建设，是江西推进生态文明建设的具体实践

"秀美江西"建设是江西省按照党的十八大要求，切实把生态文明建设融入和贯穿于经济社会发展的各个方面、各个环节，在加强生态文明建设方面下更大功夫，进一步巩固和发展江西省的生态优势的具体实践。

2."秀美江西"是"美丽中国"的重要组成部分

江西省生态环境现状国内尚属良好，生态环境的比较优势突出，但在总体上呈退化趋势，所面临的问题不容忽视。生态是江西最大的优势，绿色是江西最亮的品牌。建设"美丽中国"，江西没理由不走在前列，让"秀美江西"成为"美丽中国"的靓丽名片。

3.建设"秀美江西"和建设"美丽中国"都旨在实现人与自然、人与社会、人与人、人与自身的和谐发展、科学发展及小康社会

建设"美丽中国",核心就是要按照生态文明的要求,通过建设资源节约型、环境友好型社会,实现经济繁荣、生态良好、人民幸福,关键是要处理好"生态和经济协调发展"这一世界性难题;建设"富裕和谐秀美"江西,就是按照科学发展观的要求,立足江西省情,发挥比较优势和后发优势,把发展的着力点放在增进人民福祉、促进社会和谐、保护良好生态上,努力实现强省与富民的统一、经济发展与社会发展的统一、开发建设与保护生态的统一,把广袤的赣鄱大地建设成为经济繁荣、生活殷实、社会和谐、环境秀美的幸福家园。

4."秀美江西"和"美丽中国"都是以大力推进生态文明建设为实现途径的

生态文明建设是实现"美丽中国"的基础和保障,建设"美丽中国",首先要有良好的生态环境,要有自然之美,这是基础和前提。只有加强生态文明建设,使公民在一个优美的自然生态环境中和谐相处,人们才能增强对建设"美丽中国"的认同和信心,才能推动建成社会主义和谐社会;建设"秀美江西",必须同样重视人与自然和谐相处,必须把建设生态文明放在突出位置,审视和解决经济发展和环境保护的矛盾,积极探索中国环境保护的新道路,推动生态文明建设取得积极进展,从源头上扭转生态环境恶化趋势,为人民创造良好生产生活环境。生态文明与绿色崛起是可持续发展的时代要求,是江西省建设的总体思路与根本战略,也是江西省绿色崛起的必然路径与实现形式。生态文明是绿色崛起的宗旨与归宿,绿色崛起是生态文明的路径与方式。

5."秀美江西"与"美丽中国"都是以让人民更加幸福、建立小康社会、实现可持续发展为目标的

建设"美丽中国"的根本目的就是改善民生创造幸福生活,是全面建设小康社会,实现中华民族的永续发展;建设"富裕和谐秀美"江西,根本目的和最终归宿是让人民更幸福、社会更和谐,实现可持续发展。始终坚持把

改善民生作为政府的重大责任，以解决群众最关心、最直接、最现实的利益问题作为切入点，着力推进公共服务均等化，努力使改革发展成果更好地惠及全省人民。所以在最终目标上，"秀美江西"与"美丽中国"是一致的。

第二节 "秀美江西"的美丽蓝图

大自然赐予江西一个良好的生态环境，这是江西最大的优势。我们必须认识好、保护好、利用好、发展好这个优势，走一条生态比较优势和后发优势之路。要发挥生态优势，首先要综合分析江西的生态特点和经济社会发展状况。江西一方面蕴藏着较丰富的原生态资源，另一方面仍处于工业化城镇化高速发展阶段，面临着加快经济发展与保护生态环境的双重任务。同时，江西工业结构重型化特征比较明显，资源环境约束不断强化，承担着做大总量与节约资源的双重压力。

当环境资源成为经济发展竞相角逐的香饽饽时，环境保护与经济发展之间的矛盾变得日趋激烈，在协调好环境保护与经济发展和谐共处的过程中，也累积了一些不容忽视的矛盾和问题。实践证明，过度依靠资源的增长方式并不能发挥生态优势，只能在产业链的低端获得有限的利益。这就促使江西人民必须努力探索一条具有江西特色的绿色崛起之路。

20 世纪 80 年代初实施的鄱阳湖流域综合治理工程，开创了在具有生态优势的区域里发展生态经济的典型范例，成为实现江西绿色崛起的奠基工程。21 世纪初，又提出了"既要金山银山，更要绿水青山"的发展战略。2009 年以来，江西省抓住鄱阳湖生态经济区建设上升为国家战略的契机，及时勾画了生态立省、绿色崛起的发展思路，明确了建设富裕和谐秀美江西的总体目标，就是要使广袤的赣鄱大地建成经济繁荣、生活殷实、社会和谐、环境秀美的幸福家园。山清水秀是江西的骄傲，生态是江西最大的优势，绿色是江西最亮的品牌，建设"美丽中国"，江西没有理由不走在前列。为此，江西一直秉持"既要金山银山，更要绿水青山"的生态文明理念，树立绿色政绩观、绿色生产观和绿色消费观，构建绿色产业体系，把生态优势转化为产业优势、经济优势，努力把江西建设成为"美丽中国"的排头兵。

从 20 世纪 80 年代至今，江西在"绿色发展""绿色崛起"的道路上，实际上是沿着"山江湖工程→生态经济战略→生态江西与绿色发展→建设鄱阳湖生态经济区→科学发展、进位赶超、绿色崛起→富裕和谐秀美江西"的方向不断探索，并一步一步向前推进的，江西一直秉持"既要金山银山，更要绿水青山"的生态文明理念，树立绿色政绩观、绿色生产观和绿色消费观，构建绿色产业体系，把生态优势转化为产业优势、经济优势，江西初步探索积累了一套生态文明建设的经验，奠定了一定的绿色发展基础，并一直在努力把江西建设成为"美丽中国"的排头兵。

富裕、和谐、秀美，三位一体，相得益彰，共同构成江西崛起的美好蓝图。而建设"秀美江西"作为这一发展蓝图中的重要组成部分，凸显了新一届省委立足省情、审时度势的治赣方略，是江西经济社会发展特有而鲜明的定位，我们必须牢牢把握其深刻内涵，在建设"富裕江西""和谐江西"的同时，大力建设"秀美江西"。对"秀美江西"的基本特征的理解可以从生态、经济、社会和文化四个维度出发。

一、生态维度

良好的生态环境是江西最大的特色，也是实现江西绿色崛起的最大优势。必须始终坚持走经济与生态融合发展的路子，在保护生态中加快经济发展，在加快经济发展中建设生态文明。"秀美江西"对江西省的生态环境也提出了全新的严格的要求，天蓝地绿、山清水秀、空气清新是秀美江西的应有之义。良好的生态环境是人类赖以生存和发展的外部必要条件，一旦生态环境遭到严重破坏，那么人类也就丧失了生存和发展的前提和基础。只有保持和拥有良好的生态环境，人类才能安居乐业，繁衍生息，健康长寿，资源也才能永续利用，经济社会也才能持续发展。因此"秀美江西"的建设，必须从生态维度入手，重视生态环境对人类的重要性，加大生态环境保护与建设力度，努力做好生态环境保护与建设工作，采取切实有效的措施，协调好经济发展和环境保护之间的矛盾，实施自然资源的可持续利用和循环利用，造福子孙后代。

二、经济维度

改革开放特别是近年来，江西经济社会发展取得了显著成绩，但江西经济总量仍然偏小，江西作为欠发达省份的地位尚未根本改变，发展不足仍然是江西的主要矛盾，加快发展是第一要务。只有加快发展才能夯实经济基础，只有做大总量才能实现富民兴赣。"秀美江西"的经济发展，就是要彻底改变过去以单纯追求 GDP 为中心的经济发展模式，转变经济发展方式，转变以牺牲环境和资源为代价的盲目发展，加快形成新的经济发展方式，推进经济结构战略性调整，提高开放型经济水平，走资源节约型、环境友好型的经济可持续发展道路。让经济发展创造的丰富物质财富，为"秀美江西"的建设提供坚实的经济保障。只有达到和实现经济发展之美，那么"秀美"的建设才会有坚实的后盾和基础。

三、社会维度

人要成为经济发展的受益者，而不是经济发展的受害者。发展经济不是目的，而是手段。发展经济的最终目的不是经济的发展，而是人的发展，要为人的发展创造充足的物质条件，要让经济发展的成果惠及最广大人民群众。"秀美江西"建设，必须以人为本，以保障和改善民生为出发点，关心、关注人民群众的基本生活，尽最大能力满足和保障人民群众的民生需求，建设"富裕和谐秀美"江西，根本目的和最终归宿是让人民更幸福、社会更和谐。始终坚持把改善民生作为政府的重大责任，以解决群众最关心、最直接、最现实的利益问题作为切入点，着力推进公共服务均等化，努力使改革发展成果更好地惠及全省人民。千方百计、不遗余力增加人民群众收入，提高人民群众健康水平，积极、努力营造一个"社会和谐人人有责，和谐社会人人共享"

的生动活泼局面。因此，建设"秀美江西"，也必须从社会维度下功夫，达到和实现社会和谐之美。

四、文化维度

文化是一个地区持续繁荣和有效发展的内在精神动力，文化是民族的灵魂，文化的作用和价值具有不可替代性。因此，"秀美江西"的建设，也要高度重视和切实加强文化建设，从文化维度去推进"秀美江西"建设，切实有效发挥文化的独特魅力和现实价值，要特别重视和加强对我省传统优秀文化的保护和传承，使我省传统文化和现代文化能够文化交相辉映，相得益彰，努力建设具有中国特色的社会主义文化强国，达到和实现我国的文化繁荣之美。

第三节 "秀美江西"生态文明建设的现实基础

一、江西在全国生态文明建设中的地位和作用进一步彰显

江西省第十三次党代会号召全省人民为建设富裕和谐秀美江西而不懈奋斗。富裕、和谐、秀美，三位一体，相得益彰，构成了江西崛起的美好蓝图。而建设"秀美江西"作为发展蓝图的重要组成部分，不仅是江西经济社会发展鲜明的定位，更是建设"美丽中国"的题中之意。这一蓝图的描画，把江西的崛起与国家的发展战略紧密地联系在一起。

2014年11月江西成为首批全境列入生态文明先行示范区建设的省份之一，特别是2015年《关于大力推进生态文明先行示范区建设的决议》被人大审议通过，全省上下高度重视，抢抓机遇，积极作为，我省在生态建设领域取得了较大成就。主要表现在：

1.经济总量迈上新台阶

江西省坚持走可持续发展道路，全面构建生态经济体系，大力发展循环经济，积极调整产业结构，促进产业升级，走出一条生态与经济协调发展之路，使得"一湖清水"得以保持。同时深入推进鄱阳湖生态经济区建设，大力推

进昌九一体化，加快促进鄱阳湖生态经济区"龙头昂起"。据统计，2005—2014年，江西经济一直保持两位数增长，翻了将近三倍，并跨越万亿元大关，经济实力迅速增强。2015年全省经济保持平稳较快增长，主要经济指标增速位居全国前列，地区生产总值跨越万亿元台阶迈向两万亿，2015年达到16724亿元，居全国第18位。

2. 产业结构不断优化

第三产业占国民经济的比重明显提高，由2005年的34.8%上升到2014年的36.8%。生态农业发展较快，并建成了一批规模化绿色农产品生产基地，战略性新兴产业培育壮大，已建成了20多个省级生态工业园。万元GDP能耗由2005年的0.1057吨标准煤下降到2014年的0.0513吨标准煤，累计下降1.06倍。

3. 森林绿化稳步推进

截止到2014年，全省森林覆盖率提高到63.1%，居全国第二；城市建成区绿化覆盖率达到41.3%，南昌、景德镇、宜春、吉安、赣州、萍乡被评为国家园林城市，新余被评为国家森林城市。全省森林蓄积量达到4.45亿立方米，居全国第九位。

4. 水生态得到有效的维护

截止到2015年，江西省五河源头生态环境得到改善，地表水 I—III 类水质断面达标率达81%，明显高于全国平均水平；饮用水源地水质达标率100%，鄱阳湖注入长江水质保持在III类以上；城镇污水集中处理率达到85%；水生态指标超额完成年度目标任务，2014年江西固体废物综合利用率达到61%，城镇生活垃圾无害化处理率达到63%。2015年，全省用水总量控制在250亿立方米内，万元工业增加值用水量较2010年下降37%，农田灌溉水有效利用系数提高到0.49，治理水土流失面积300万亩，国家重要水功能区达标率达90%。

5. 空气质量得到有效提升

2015年全省设区市城区空气质量（AQI）优良率达90.1%。2012年以来，江西省进一步加大节能减排的力度，节能减排居中西部前列。全省万元GDP

能耗从 2005 年到 2010 年超额完成了"十一五"期间万元 GDP 能耗下降 20% 的约束性目标任务。2015 年，万元 GDP 能耗同比下降 3.5% 左右，主要污染物减排提前完成"十二五"目标任务。

6.体制机制进一步完善，生态文明建设合力初步形成

省委、省政府出台《关于建设生态文明先行示范区的实施意见》，确定了 6 大体系、10 大工程、60 个项目包括 208 项建设任务；出台《江西省流域生态补偿办法》《江西省实施"河长制"工作方案》，全省境内河流湖泊全部实施"河长制"，构建省、市、县三级"河长"组织体系，省委书记和省长分别任正副"总河长"，7 位省领导分别任境内主要河流、湖泊的"河长"，高位推动河湖管理与保护；生态文明建设考评体系进一步完善，调整完善市县科学发展综合考评指标，增加循环经济、工业园区污水处理、农业面源污染防治、农村生活垃圾处理、用水总量控制 5 个考核指标；编制了一系列管理办法和规划，如《江西省生态空间保护红线区划》《江西省生态空间保护红线管理办法》《江西省湿地保护工程规划》《城镇生活污水处理及再生利用设施建设规划》《城镇生活垃圾无害化处理设施建设规划》《节能环保产业发展规划》《农村生活垃圾专项治理工作方案》《节能减排低碳发展行动工作方案》等，涉及生态文明建设的各个领域各个方面。

这一系列生态建设的实施，为建设"秀美江西"生态文明建设奠定了现实基础，也为建设"美丽中国"作出了积极贡献。

二、"秀美江西"生态文明建设目前存在的主要问题

近年来，秀美江西建设发展迅速，取得了巨大的成就，同时也存在一些突出问题。

1.产业结构不合理，经济基础薄弱

2005—2014 年，江西经济增长较快，全省生产总值翻了三倍，并跨越了万亿元大关，但在全国所占比重只有 2.48%；江西在全国的排位仍然徘徊在 31 个省市（区）中等偏下的位置，在中部六省中居第 5 位，尚未改变落后的

面貌。2014 年，江西人均生产总值为 34597 元，比全国平均少 10000 多元，只及全国的 74.64%。据测算，2011 年江西全面建设小康社会总体实现程度为 79.3%，比全国低 3.9 个百分点。在民主法治、社会和谐、资源环境、生活质量、文化教育和经济发展六方面的评价指标中，实现程度最低的是经济发展指标，只达到 62.1%，其中人均 GDP 实现程度仅 51.6%。

产业发展状况是影响能源利用效率和生产清洁度的决定性因素。由于受历史条件、资源禀赋等因素的原因，江西形成了以钢铁、水泥等高耗能为主的产业结构。近年来，江西工业化加快发展，2014 年，江西三次产业构成分别为 10.7%、53.4%、35.9%，江西一、二、三产业的结构不合理，第二产业比重不断上升，服务业的比重虽然逐年上浮，但是幅度较小，第三产业比重偏低。由于第二产业的发展需要消耗较多的能源，增加更多的碳排放量，高耗能高排放产业比重较大，经济结构调整难导致节能减排压力大。

2. 能源结构单一，高耗能行业的能源消费集中度过高

2015 年，江西石油、化工、水泥、钢铁、有色、电力六大高耗能行业占工业增加值总额的 38%。2014 年，江西煤炭开采、重金属矿采及冶炼、电力、热力生产和供应业等高耗能行业实现工业增加值 2429.46 亿元，占工业增加值总额的 35.55%。但是这几大高耗能行业却消耗了 50.23% 的综合能源消费量，即能源的投入产出率很低。另外，全省年综合能源消费量达万吨标准煤以上的高耗能工业企业不到 300 家，占全省规模以上工业企业数的 4% 左右，其能源消费量却占到规模以上工业的一半多，能源消耗过度集中在某些行业。

江西能源结构以煤炭为主，能源生产和消费结构中煤炭所占的比重高于全国水平。2014 年，江西能源生产量中煤炭占 83.3%，而同期全国能源消费结构中煤炭占 73.2%。2014 年，江西能源消费量中煤炭占 68.0%，而同期全国能源消费结构中煤炭占 66.0%。这种以煤炭为主的能源结构短期难以改变，能源生产、消费结构不仅阻碍经济快速发展，还将带来能源的大量消耗和污染物的高强度排放，加剧江西环境污染的严峻形势，减排压力越来越大。

3. 二氧化碳排放量迅速攀升

随着经济规模的不断扩张，江西能源消费总量越来越大，能源消耗又是以煤炭为主，对环境污染较重。2014 年江西省能源消耗总量达到 8055.36 万吨标煤，比 2005 年增长 61.5%，年均增长 9.77%，其中，煤炭消费的二氧化碳排放比重约占 85%。全省二氧化碳排放强度为 2.58 吨 / 万元，与发达省份 1.8 吨 / 万元的排放强度相比，存在较大的差距，经济增长过度依赖于高能耗、高碳型产业，对江西保持生态优势构成巨大的威胁。

4. 江西生态安全面临严峻的形势

生态环境形势依然严峻，由于经济增长过度依赖能源导致江西资源的过度开采，对江西的生态安全产生了严重影响，突出表现在耕地数量减少、耕地质量下降、水污染加剧、矿产资源浪费严重。全省人均耕地面积从 1996 年的 1.094 亩下降到 2009 年的 1.045 亩，大大低于全国人均 1.52 亩的水平。水土流失面积大、分布广、危害重。2011 年全国第一次水利普查结果显示，江西有 2.64 万平方公里面积存在轻度以上水土流失；江西土壤侵蚀以水力侵蚀为主，水力侵蚀总面积 26496.87 平方公里，占全省国土面积的 15.87%；按侵蚀强度分，轻度侵蚀面积 14895.82 平方公里，中度侵蚀面积 7557.66 平方公里，强烈侵蚀面积 3158.15 平方公里，极强烈侵蚀面积 776.42 平方公里，剧烈侵蚀面积 108.82 平方公里，其中强度为中度侵蚀以上的面积占全省国土面积的 6.95%。在南方红壤丘陵区 8 个省份中（湖南、江西、浙江、广东、福建、安徽、湖北、海南），江西水土流失面积占南方红壤区水土流失总面积的 17.08%，水土流失面积占比位列第二；环境污染严重，酸雨出现频率高、强度大，受污染面积广；过量使用农药、化肥和薄膜，土壤污染日益加剧；植被破坏严重；生物多样性锐减；自然灾害较严重。鄱阳湖是我国目前生态环境相对较好的最大淡水湖，但也存在湖区水情恶化、洪涝灾害上升、水产资源破坏、生物品种下降等问题。另外，环境污染有进一步加剧的趋势。比如酸雨出现的频率大、分布广、危害重，土壤污染日益加剧等等，严重威胁着食品安全和人类健康，这些问题必将对生态环境保护造成严重威胁。

三、"秀美江西"建设的机遇

1. "美丽中国"、生态文明建设

党的十八大把生态文明建设列入"五位一体"总布局，为建设美丽中国、实现中华民族永续发展指明了方向，体现了中央对形势的准确判断，是对人民美好生活期盼的积极回应。2011年召开的江西省第十三次党代会，适时提出了建设富裕和谐秀美江西的目标。江西始终把生态文明建设作为加快发展的重要基石，以秀美江西建设促进美丽中国建设，是江西推进生态文明建设的具体实践。而且江西省正在积极建设生态文明示范省，致力于走出一条人与自然和谐相处的发展新路……总体的宏观形势为秀美江西建设提供了良好的外部环境。

2. 鄱阳湖生态经济区的建设

党中央、国务院高度关注江西生态建设和环境保护，多次作出重要批示，要求江西保护好绿水青山，特别是2009年国务院批复鄱阳湖生态经济区规划，要求江西在全国率先探索经济社会与生态环境协调发展的新路子。要求鄱阳湖生态经济区到2015年实现区域生态环境质量继续位居全国前列，率先在欠发达地区构建生态产业体系，生态文明建设处于全国领先水平。必须始终坚持经济与生态协调发展，在加快发展中保护和建设好江西的绿水青山。这一重大战略不仅对江西的发展具有里程碑的意义，而且对于探索生态与经济融合的发展模式，破解经济与生态协调发展这一世界性难题，具有重大创新和示范意义。

3. 赣南等原中央苏区振兴发展

2012年，《国务院关于支持赣南等原中央苏区振兴发展的若干意见》正式出台，对于全国革命老区加快发展具有标志性意义和示范作用。支持赣南等原中央苏区振兴发展，是尽快改变其贫困落后面貌，确保与全国同步实现全面建设小康社会目标的迫切要求；是建设我国南方地区重要生态屏障，实现可持续发展的现实选择。《意见》特别强调从加强生态建设和水土保持、加大

环境治理和保护力度、大力发展循环经济三个方面着手，牢固树立绿色发展理念，大力推进生态文明建设，正确处理经济发展与生态保护的关系，坚持在发展中保护、在保护中发展，促进经济社会发展与资源环境相协调。对于秀美江西的建设具有巨大的推动作用。

4. 江西省入选首批生态文明示范建设区

2013 年发布的《国务院关于加快发展节能环保产业的意见》提出，在全国选择有代表性的 100 个地区开展生态文明先行示范区建设。为此，国家发展改革委、财政部、国土资源部、水利部、农业部、国家林业局六部门于 2013 年 12 月联合下发《关于印发国家生态文明先行示范区建设方案（试行）的通知》，启动了生态文明先行示范区建设。江西省积极促进生态文明示范省建设，编制了《江西省建设全国生态文明示范省规划》并向上申报，争取国家同意将我省列入生态文明示范省。2014 年 6 月，国家六部门公示了国家生态文明先行示范区建设地区（第一批）名单，共有 55 个地区入选，其中江西、贵州、云南、青海 4 省全境列入，标志着我省生态文明建设进入一个新的时期。

四、"秀美江西"建设的挑战

1. 江西快速城镇化对生态环境的胁迫作用

城镇化对生态环境的影响主要通过以下方面产生：一是城镇化提高人口密度，增大了生态环境压力，人口密度越大，对生态环境的压力也就越大；二是城镇化通过提高人们的消费水平从而促使消费结构变化，人们向环境索取的力度加大，速度加快，使生态环境日益脆弱；三是城镇化促使企业通过占地规模扩大促使经济总量的增加，从而消耗更多资源和能源，排放更多的污染气体、液体、固体，增加了生态环境的压力；四是城镇化导致交通扩张，刺激车辆增加，增大汽车尾气污染强度，从而对生态环境产生空间压力。近年来，江西正经历快速的城镇化，城镇化率从 2008 年的 41.4% 增长到 2013 年的 48.87%，年均增长 1.22%，高于全国平均水平。因此，如何协调江西快速城镇化与生态环境之间的关系将成为我省面临的重要挑战。

2.保持经济与生态环境协调发展

近年来，江西虽然取得了巨大的进步，经济社会发展也迈上了新的台阶，但欠发达的基本省情依然没有改变。经济基础差、底子薄、人均少的现状依然没有改变。发展经济依然是江西的第一要务，而生态又是江西最大的优势，因此，如何依托良好的生态环境，把生态优势转化为经济优势，提高占总人口70%的农民群体的收入，在保持经济快速增长的同时保护好生态环境将是未来我省面临的重要挑战。

3.区域竞争压力越来越激烈，生态文明建设压力巨大

党的十八大将生态文明列为五位一体的总布局之后，全国各地开始掀起生态文明建设的热潮。江西具有较大的生态环境优势，并适时提出秀美江西建设，为江西的生态文明建设提供了强大动力。但是江西周边省份的生态优势也较好，且经济实力强，在生态文明建设中更具优势，生态文明建设发展迅速。因此，江西正面临越来越激烈的区域竞争压力，如何在经济社会发展落后的情况下进位赶超，将江西建成全国生态文明示范省将是未来我省面临的一项巨大挑战。

专栏一　江西"十二五"规划完成情况

类别	指标	"十二五"规划			"十二五"实际执行		属性
		2010年	2015年	年均增长（%）	2015年	五年年均增长（%）	
经济发展	全省生产总值（亿元）	9451	18000	11以上	16724	10.5	预期性
	人均生产总值（美元）	3133	6000	10.5	5800	9.9	预期性
	财政总收入（亿元）	1226	2600	16以上	3022	19.8	预期性
	全社会固定资产投资（亿元）	6859	21000	20以上	16994	20.9	预期性
	社会消费品零售总额（亿元）	2956	6200	16	5896	14.8	预期性
	出口总额（亿美元）	134.2	270	15	333	20	预期性
	实际利用外商投资（亿美元）	51	83.5	10	94.7	13.2	预期性

类别	指标	"十二五"规划			"十二五"实际执行		属性
		2010年	2015年	年均增长（%）	2015年	五年年均增长（%）	
经济结构	非农产业比重（%）	87.2	90以上	(2.8以上)	89.5	(2.3)	预期性
	居民消费率（%）	36	38	(2)	38.2	(2.2)	预期性
	城镇化率（%）	44.1	52.8	(8.7)	51.6	(7.5)	预期性
	研究与试验发展经费支出占全省生产总值比重（%）	1	1.5	(0.5)	1.06	(0.06)	预期性
社会民生	全省总人口（万人）	4462	4650	0.78	4566	0.72	约束性
	城镇居民人均可支配收入	15660	26000	11	26500	11.1	预期性
	农民人均可支配收入（元）	5987	10000	11	11139	13.2	预期性
	城镇登记失业率（%）	3.31	4.5	(1.19)	4.5以内	—	预期性
	城镇新增就业人数（万人）	(230)	(235)	—	(270.4)	—	预期性
	九年义务教育巩固率（%）	90.5	93	(2.5)	93	(2.5)	约束性
	高中阶段教育毛入学率（%）	76	87	(11)	87	(11)	预期性
	主要劳动年龄人口平均受教育年限（年）	8.9	10	(1.1)	10.2	(1.3)	预期性
	亿元生产总值生产安全事故死亡率（人/亿元）	0.2	0.13	-8.5	0.098	-13.3	约束性
	城镇基本养老保险参保人数（万人）	609	770左右	(161)	905	(296)	约束性
	城乡三项基本医疗保险参保率（%）	—	95	—	96	—	约束性
	城镇保障性安居工程建设（万套）	25.49	国家下达的控制指标		(142.88)		约束性

类别	指标		"十二五"规划			"十二五"实际执行		属性
			2010年	2015年	年均增长（%）	2015年	五年年均增长（%）	
资源环境	耕地保有量（万亩）		4300	4300	持续保持	4628	稳定提高	约束性
	农业灌溉用水有效利用系数		0.45	0.5	以上（0.05）	0.5	（0.05）	预期性
	森林覆盖率（%）		63.1	63	以上持续稳定	63以上	持续稳定	约束性
	森林蓄积量（亿立方米）		4.45	5	（0.55）	5.4	（0.95）	约束性
	非化石能源占一次能源消费比重（%）		4.7	10	（5.3）	9	（4.3）	约束性
	全省主要河流检测断面Ⅰ—Ⅲ类水质比重（%）		80.3	82	左右（1.7）	81	（0.7）	约束性
	单位工业增加值用水量降低		—	（30）		（37）		约束性
	单位生产总值能耗累计下降		（20）	（16）		（17）		约束性
	单位生产总值二氧化碳排放量累计下降（%）		—	（17）		（17）		约束性
	主要污染物排放量累计下降（%）	化学需氧量	（5）	（7.5）		（7.8）		约束性
		二氧化碳	（7）	（5.8）		（10）		约束性
		氨氮		（9.8）		（9.9）		约束性
		氮氧化物	—	（6.9）		（8.1）		约束性
	城市生活污水集中处理率（%）		67.8	85以上	（17.2）	86	（18.2）	约束性
	城市生活垃圾无害处理率		51.6	80以上	（28.4）	95	（43.4）	约束性

第三章

江西生态环境与经济社会发展关系的评价

随着经济的发展，由于生产的大规模扩展而导致的环境污染和生态破坏已达到相当严重的程度时，如何平衡经济发展与生态环境保护二者的关系就成为经济和社会可持续发展必须面对的关键问题。实际上，生态环境与经济发展不是相互独立的个体，二者之间是存在联系的。经济的发展与生态环境的保护归根结底就是人与自然、人与人、保护与发展之间的关系。

党的十八大明确提出加强生态文明制度建设的要求："要把资源消耗、环境损害、生态效益纳入经济社会发展评价体系。"长期以来，江西省在生态文明建设中接力探索实践，坚持在保护中发展、在发展中保护，走出了一条生态立省、绿色崛起的路子。但随着工业化城镇化不断推进，环境资源约束日益趋紧、压力不断增大。为保护好生态环境，江西深入推进"净空""净水""净土"行动，切实解决人民群众反映强烈的突出环境问题，在大气污染防治、水资源管理"三条红线"、农业面源污染的防控方面制定了很多硬性指标。要想确保目标的实现，就必须掌握资源环境基础及其开发利用情况，确保资源环境与经济发展之间处于协调状态，并对协调状态做客观的评价，以便及时施加影响，使之趋于协调。

第一节　江西主要河流水环境健康评价

一、江西水环境概况

　　江西凭借独特的地理形貌而拥有得天独厚的完整水系，年平均降水量达1341.4毫米—1934.4毫米，丰沛降水沿着河流汇合成赣江、抚河、信江、饶河、修河五大干流，共同注入鄱阳湖，流域面积16.22万平方公里，约占全省面积的97.2%。江西是全国地表水资源、地下水资源均较丰富的省区之一。全省河川多年平均径流总量1480.5亿立方米。作为长江八大支流之一的赣江水量仅次于岷江，位列第二，但每平方公里年平均产水量在80万立方米以上，居八大支流之首。地下水方面，全省地下水资源总量保持在390亿立方米上下，有集中开采价值的水量达68亿立方米。如锦江、袁河等流域以及武功山南麓一带都有大量水质极好、无污染威胁的地下水。

　　江西凭借高覆盖率的森林植被和良好的生态环境，保护着大部分水的澄澈。综合2013年《江西省水资源公报》来看，省内各水系的水质总体良好，个别河段也存在较严重污染。全省监测河段近6800公里，其中Ⅰ类水占3.1%，Ⅱ类水占69.3%，Ⅲ类水占20%，劣于Ⅲ类水仅占7.6%。全国最大的淡水湖——鄱阳湖水质全年优于或符合Ⅲ类水的占比近半，各个主要水库如万安水库、江口水库等更是全年均优于或符合Ⅲ类水标准。省内30个主要供水水源地水质全年合格，全省各主要供水水源地水质合格率为100%。

　　废污水排放近四分之一来自生活污水，工业污水中属于第二产业排放的占比近70%。受到污水排放和其他因素的影响，如抚河、东江等部分河段氨氮和总磷偏高。湖库水质方面，结合近年的水资源公报来看，鄱阳湖全年优于或符合Ⅲ类水的占43%，主要污染物为总磷、氨氮，个别月份营养化评分值较低，处于中营养化状态。通过对南昌和九江市内如梅湖、青山湖、艾溪湖、八里湖等13个湖泊的调查来看，大部分湖泊水质均劣于Ⅲ类水，主要污染物为总磷和氨氮。经营氧化状态分析，属中营养的有九江的赛城湖，属轻度富营养的有九江的八里湖,属中度富营养的有南昌市的青山湖、艾溪湖、南湖、北湖、东湖、瑶湖和九江市的甘棠湖、白水湖和南门湖9个,属重度富营养的有南昌市的梅湖和西湖。

江西省省界水体水环境状况尚好,但形势亦不容乐观。就长江干流湖口断面而言,无节制地排放工业废水和生活污水是水环境恶化的主要原因。由于乡镇企业技术含量低、能耗高、污染重,给生态环境特别是水环境造成严重影响。同时,排入鄱阳湖的氮、磷等营养物质不断增加,水体富营养化进程加快。另外,农药、化肥的使用以及水土流失也是导致水环境问题的重要原因。由于污染源和污染物的数量已超过了自然环境的净化能力,加上治理污染行为的滞后,使枯水期水质普遍劣于丰水期水质。

为评价江西赣江、抚河、信江、饶河、修河五大河流的健康状况,本书选取了五条河流主要流经的南昌市、抚州市、上饶市、景德镇市、九江市,对河流进行健康评价。

二、河流健康评价指标体系

1.评价指标体系构建的基本原则

河流健康评价指标体系的构建是河流健康评价的基础,在很大程度上决定了评价的可行性和结果的适宜性。河流健康评价指标体系必须真实客观、完整准确地反映河流的健康状况,从而为河流健康评价提供评价依据。但是评价指标涉及水资源学、水文学、生态学及社会学等多个学科和领域,这就需要从众多的原始数据和评价信息中筛选出具有代表性的主导性指标作为评价指标。因此,河流健康评价指标体系的构建应遵循以下几个原则:

(1)科学性原则

评价指标的概念必须明确,且具有一定的科学内涵和意义,计算和统计方法准确,科学合理,能够客观、真实地反映河流的基本特征,并能够较好地度量河流健康的总体水平。

（2）系统性原则

指标体系要系统而全面，能够从河流结构、生态及社会服务等不同角度表征河流的健康状况，并组成一个完整的体系，综合反映河流健康的内涵、特征及评价水平。

（3）层次性原则

河流健康评价指标体系须结构清晰，层次分明。指标体系涵盖河流结构、生态及社会服务等多个方面，通过多层次多角度可以全面、直观地判定河流的健康状况，便于评价工作的进行及评价结果的分析。

（4）代表性原则

选取的指标应具有一定的代表性，要选择那些信息量大、综合性强的指标来有效地反映河流的主要特征，使所构建的指标体系简洁明了却又综合全面。

（5）独立性原则

指标体系不仅要全面覆盖河流健康的各项特征，指标之间还必须具有一定的独立性，即各指标的内涵要相互独立，避免交叉重复。

（6）区域性原则

世界上没有完全相同的两条河流，因此河流健康评价指标体系的构建要考虑区域性差异，不得照搬照套其他地区河流的评价指标体系。不同的河流由于其类型不同、自然地理条件不同、所处的社会经济发展水平不同，河流健康的主要特征也就不同。

（7）可操作性原则

所选评价指标不仅要概念明确、易于表征，能被非专业的社会公众理解和掌握，还要具有可行性和可操作性；指标的数据应易于收集和测定，方便计算和分析，要具有较强的可比性和实用性。

（8）定性与定量相结合的原则

河流健康评价指标体系中既有定性指标又有定量指标，才能全面反映河流的健康状态，才会使指标体系更具有说服力和可接受性。

（9）稳定性与动态性相结合的原则

河流健康是一个动态的概念，因此河流健康评价指标体系也应是与时俱进的，应根据不同时期社会经济发展对河流健康的要求选取相应的指标体系。但是指标体系在一个较长的时期内也要保持其稳定性，有效地反映此阶段对河流健康的要求。

2.评价指标体系的确立

本书评价采用由目标层、准则层、指标层构成的河流健康评价指标体系，见表 3-1。

（1）目标层

目标层为"河流健康评价"，是对河流健康评价指标体系的整体高度概括，反映河流健康状况的总体水平。

（2）准则层

准则层是影响河流健康的因素，从不同方面反映河流健康状况的属性和水平,包括河流的"自然形态状况、生态环境状况、社会服务状况"三个大方面。

（3）指标层

指标层是对准则层的具体分述，在准则层下选择若干指标组成。本书选取了 21 个直接反应河流健康状况的指标，以定量为主、定性为辅，对易于获取数据的指标尽可能地通过量化指标来反映，对难以准确量化的指标通过定性描述来反映。

表 3-1 河流健康评价指标体系

目标层	准则层	指标层
河流健康评价（A）	自然形态状况（B_1）	河岸稳定性C_1
		河床稳定性C_2
		水系连通性C_3
		优良河势保持率C_4

目标层	准则层	指标层
河流健康评价（A）	生态环境状况（B$_2$）	河道生态需水保证率C$_5$
		水功能区水质达标率C$_6$
		流域植被覆盖率C$_7$
		水土流失率C$_8$
		湿地保留率C$_9$
		鱼类生物完整性指数C$_{10}$
		珍稀水生物存活状况C$_{11}$
		流域污水处理C$_{12}$
	社会服务状况（B$_3$）	水资源开发利用率C$_{13}$
		供水保证率C$_{14}$
		水源地供水合格率C$_{15}$
		万元GDP用水量C$_{16}$
		灌溉保证率C$_{17}$
		通航水深保证率C$_{18}$
		水景观舒适度C$_{19}$
		防洪工程措施达标率C$_{20}$
		防洪非工程措施完善率C$_{21}$

3. 评价指标的评价标准

（1）单项评价指标的评价标准

本次评价采用定性与定量相结合的方法，对能采用数值表达的定量指标直接给出标准值或标准值范围，对难以准确定量表达的定性指标进行定性描述，确定了21个单项评价指标的评价标准，见表3-2。

表 3-2　河流健康评价指标的评价标准

评价指标	质量离散值				
	5	4	3	2	1
河岸稳定性	极好	好	一般	差	极差
河床稳定性	极好	好	一般	差	极差
水系连通性	极好	好	一般	差	极差
优良河势保持率（%）	≥90	80~90	70~80	50~70	<50
河道生态需水保证率（%）	≥80	60~80	50~60	30~50	<30
水功能区水质达标率（%）	≥95	80~95	60~80	50~60	<50
流域植被覆盖率（%）	≥50	40~50	30~40	10~30	<10
水土流失率（%）	<10	10~15	15~25	25~30	≥30
湿地保留率（%）	≥30	20~30	15~20	10~15	<10
鱼类生物完整性指数	58~60	48~52	40~44	28~34	<22
珍稀水生物存活状况	极好	好	一般	差	极差
流域污水处理率（%）	100	80~100	70~80	50~70	<50
水资源开发利用率（%）	<20	20~30	30~40	40~50	≥50
供水保证率（%）	100	95~100	85~95	80~85	<80
水源地供水合格率（%）	100	95~100	85~95	80~85	<80
万元 GDP 用水量（m³）	<100	100~200	200~300	300~400	≥400
灌溉保证率（%）	≥95	80~95	60~80	50~60	<50
通航水深保证率（%）	≥95	90~95	80~90	70~80	<70
水景观舒适度（%）	≥90	80~90	60~80	50~60	<50
防洪工程措施达标率（%）	≥95	80~95	65~80	60~65	<60
防洪非工程措施完善率（%）	≥95	80~95	65~80	60~65	<60

（2）河流健康评价标准的确定

本次评价借鉴相关研究结果，将河流健康水平划分为"很健康、健康、亚健康（临界状态）、病态、疾病"五个级别，采用五级分值评分，见表 3-3。

表 3-3　河流健康评价标准

健康水平	很健康	健康	亚健康	病态	疾病
评价值	5	4	3	2	1

三、AHP- 综合指数评价法对河流健康状况的评价

　　运用层次分析法来确定各评价指标的权重，采用专家调查法，邀请五位专家通过对各指标相对重要程度的了解，独立地对各指标的重要性进行打分。最后我们计算出根据五份专家咨询确定的各权重的平均值，确定了河流健康评价指标的各权重，各权重计算结果见表 3-4。

表 3-4 评价指标权重

目标层	准则层	权重	指标层	指标权重
河流健康评价（A）	自然形态状况（B_1）	0.1634	河岸稳定性（C_1）	0.1205
			河床稳定性（C_2）	0.4182
			水系连通性（C_3）	0.1906
			优良河势保持率（C_4）	0.2707
	生态环境状况（B_2）	0.5396	河道生态需水保证率（C_5）	0.2796
			水功能区水质达标率（C_6）	0.2114
			流域植被覆盖率（C_7）	0.1084
			水土流失率（C_8）	0.0397
			湿地保留率（C_9）	0.0352
			鱼类生物完整性指数（C_{10}）	0.1383
			珍稀水生物存活情况（C_{11}）	0.0626
			流域污水处理率（C_{12}）	0.1248
	社会服务状况（B_3）	0.297	水资源开发利用率（C_{13}）	0.2986
			供水保证率（C_{14}）	0.1429
			水源地供水合格率（C_{15}）	0.0959
			万元GDP用水量（C_{16}）	0.0629

目标层	准则层	权重	指标层	指标权重
河流健康评价（A）	社会服务状况（B₃）	0.297	灌溉保证率（C₁₇）	0.0379
			通航水深保证率（C₁₈）	0.0304
			水景观舒适度（C₁₉）	0.0254
			防洪工程措施达标率（C₂₀）	0.2134
			防洪非工程措施达标率（C₂₁）	0.0926

由于影响河流健康状况的因素比较多，本书在层次分析法的基础上，采用综合指数法对河流健康进行评价，综合指数法的基本思路是利用层次分析法计算的权重和各项指标的数值进行累乘，然后相加，最后计算出指标的综合评价指数。综合指数法较其他方法，可操作性强，方法简便，通俗易懂。综合指数法的评价模型为：

$$Y = \sum_{i=1}^{3} \left(\sum_{j=1}^{n} X_k \times R_k \right) \times W_i$$

其中，Y 为综合评价值；W_i 为准则层权重；X_k 为指标层数值；R_k 为指标层权重；n 为指标层下指标的个数。通过计算得出江西省五条河流的综合评价指数，如表 3-5。

表 3-5 各河流综合评价指数结果表

河流	评价指数	健康状态	问题指标
赣江	3.6227	亚健康—健康	
抚河	3.5610	亚健康—健康	
信江	3.3193	健康—亚健康	自然形态状况（B₁）
饶河	3.4567	健康—亚健康	
修河	3.7292	亚健康—健康	

五条河流健康状况的综合评价指数平均值为 3.5378，河流健康总体水平处于亚健康—健康之间。河流健康水平的退化主要有以下两个方面的原因：一方面是自然因素的影响，省内五条大河流域的降水量年内分配极不均匀，

河流的径流量主要集中在丰水期，径流量的变化会引起水位、水质和生态系统等多个方面的变化，还会影响到河流的供水、灌溉、通航等服务功能；另一方面是人为因素的影响，河流两岸人口众多，随着城市化水平提高、经济的发展，对水资源的需求量大，超过了河流的水资源承载能力，大量生活污水和工业废水的排放造成了水体污染；兴建水利工程等人类活动改变了河流的自然形态，对水资源的过度掠取导致了河流生态系统的退化，最终导致河流的健康状况出现问题。

目前，江西省内五条主要河流健康主要面临以下问题：河床稳定性不高，年平均水位呈降低趋势，生活和工业废水的排放使水体受到污染，水质恶化；优良河势保持状况一般，河道生态需水得不到保证；水系连通性一般；水土流失加剧；水生生物减少，珍稀水生物濒临灭绝。其中南昌市水资源开发利用过度，水资源承载能力不足；抚河通航能力基本丧失等。江西省内五条主要河流正处在由健康到亚健康转变的过渡阶段，因此必须采取必要的河流保护措施，防止河流健康状况的进一步恶化，对已经受损的河流结构和功能进行修复，促使江西河流朝着健康良性的方向发展，最终达到河流的自然属性与社会属性保持平衡的良性循环，形成可持续发展状态。

第二节　江西省空气环境质量现状与发展趋势评价

一、空气环境概况

2009—2014 年，江西省经济快速发展，产业结构不断优化，但空气污染防治政策的出台与实施始终滞后于社会经济的发展，部分空气污染指标呈现波动上升的趋势，据本研究团队调研，40% 以上的居民对城市空气质量持不满态度。

以省会南昌为例，按照环境空气质量标准（GB3095-2012），2014 年南昌市环境空气质量优良天数为 290 天，优良率为 80.5%。从全国第一批实施新标准的 74 个城市中各月的排名情况看，南昌市排名在第 17 名 至第 57 名之间。

全省来看,除南昌市和九江市环境空气质量为超二级,其余9个设区城市的环境空气质量均为二级。全年来看,8月份空气质量最好,3月份较差。具体统计状况如表3-6。

表3-6 2014年江西省各城市环境空气质量状况

城市	空气质量级别	优良天数占比%
南昌	超二级	80.5
景德镇	二级	99.7
萍乡	二级	98.6
九江	超二级	93.7
新余	二级	100
鹰潭	二级	100
赣州	二级	100
宜春	二级	99.7
上饶	二级	99.2
吉安	二级	100
抚州	二级	98.6

数据来源:《江西省环境保护公报2014》

江西地处我国中部,虽全年雨量充沛,重工业不多,全省平均空气质量指数为100左右,目前空气质量尚居于全国中等水平,但值得注意的是,全年总污染天数仍占20%左右,说明伴随着经济的发展,空气污染问题正在逐步显现。

1.主要空气污染源

目前,江西省的空气环境主要有五大污染源。其一,源于城市建设产生的建筑扬尘,在五大污染源中排名第一,占比24.3%。其次,是由北方地区输送过来的污染,排名第二,占比23.7%。第三是机动车排放的尾气,目前已经成为江西省大气污染物的主要来源之一,约占污染物的20.9%。此外,工业企业在生产中产生的废气、粉尘、二氧化硫等物质以及油烟、户外烧烤、户外垃圾焚烧也是造成空气污染的重要因素,分别居五大污染源排名的第

四、第五。

2. 空气污染物的排放

就空气污染物的排放情况而言，统计数据显示，2009 年，全省二氧化硫排放量 55.71 万吨，氮氧化物排放量 33.91 万吨，烟尘排放量 16.44 万吨，工业粉尘排放量 22.36 万吨。到 2014 年，全省二氧化硫排放量为 53.44 万吨，氮氧化物排放量达到 54.01 万吨，烟尘排放量达到 46.23 万吨，工业粉尘排放量达到 42.88 万吨。可见，二氧化硫的排放总量相对稳定，而氮氧化物、烟尘和工业粉尘的排放量对比过去五年呈明显上升的趋势。

根据对江西省环境统计年报的分析发现，近五年占据全省工业废气排放量前三位的行业分别是黑色金属冶炼行业、非金属矿物制品业以及压延加工业，累计占总排放量的 80% 左右；工业二氧化硫排放量排前三位的行业分别是电力、热力的生产和供应业、黑色金属冶炼及压延加工业，累计占总排放量的 70% 左右；工业氮氧化物排放量位居前三位的行业分别是电力、热力的生产和供应业、非金属矿物制品业以及化学原料制造业，累计占总排放量的 85% 左右；工业烟尘排放量排前三位的行业分别是非金属矿物制品业、电力的生产和供应业、化学原料及化学制品制造业，累计占总排放量的 65% 左右；工业粉尘排放量最大的行业是非金属矿物制品业，占总排放量的 83.78%，黑色金属冶炼排第二位，占 8.65%，二者累计占总排放量 90% 左右。

3. 空气污染的治理

就空气污染的治理而言，在资金投入方面，2014 年，全省工业废气治理项目施工 71 个，竣工 61 个，全年投资额为 101458 万元，累计完成投资额为 102358 万元，治理设施新增的处理能力达 4161.64 万立方米/时。而在 2009 年，全省工业废气治理项目施工 47 个，竣工 43 个，全年投资额为 39593.8 万元，治理设施新增的处理能力仅为 257.74 万立方米/时。五年之间，投资额增长不到 3 倍，而治理设施的处理能力增加了 16 倍多，可见，治理设施处理能力的增长速度远远超过投资额的增长速度。

此外，在政策治理方面，2014 年 7 月，江西省环境保护厅出台了《昌九区域大气污染联防联控规划》，在颗粒物治理、油气回收、淘汰黄标车等方面做了详细规划，旨在以昌九区域为核心改善空气质量。2015 年 5 月，南昌市率先开展了建筑工地与道路扬尘随机抽测工作，目的在于巩固建筑工地扬尘治理效果，最终对城市扬尘污染实现由点到面的控制。2015 年 12 月，江西省发改委、省环保厅等六部门联合印发了《关于进一步推进煤炭洗选加工工作的通知》，目的在于加快现有选煤厂和洗选设施改造，提升洗选能力和水平。

4. 各城市空气污染的特点

省会南昌，近十年的经济发展一直处于全省领先位置，但空气质量却始终排名最后。究其原因，南昌市的空气重污染企业有 8 个，从全省来看数量并不算多，但仅 2014 年，南昌市的房屋建筑施工面积为 11152 万平方米、机动车保有量近 60 万辆，均处于全省第一的位置，这说明建筑扬尘以及汽车尾气的排放是南昌市空气环境的两个重要污染源。

新余，2009 年开始人均 GDP 一直处于全省排名第一的位置，其增长速度也是以 6200 元／年位居榜首，但值得注意的是 2005 年至 2008 年，其空气质量随经济的发展逐渐变好，但 2009 年至今，空气质量开始恶化。新余市大气环境的突出问题在于工业废气排放严重。仅在 2013 年，新余市的工业废气排放总量就有 3220103 万标立方米，其中，燃烧过程中排放废气 146975 万标立方米，生产工业过程中废弃排放量为 1750428 万标立方米。主要污染源为新电公司、新钢公司以及分宜海螺公司。污染源数量不多但排放量很大。该三家公司工业废气污染排放等标污染负荷分别占全市的 39.9%、37.1%、6.1%，总体高达 83%。可见，新余市的空气治理应将工业企业废气排放量的控制放在首要位置。

萍乡，经济发展状况一直排名靠前，但空气质量却始终不佳。2005 年至今，空气质量状况随经济发展不断波动。究其原因，萍乡是一个以钢铁、水泥、鞭炮烟花为支柱产业的工业城市，市内分布着包括萍乡钢铁厂、萍乡发电厂、萍乡矿业集团公司在内的高耗能和易产生污染的大型企业。萍乡市现有陶瓷生产企业 109 家、水泥生产企业 32 家、煤矿企业 82 家，污染企业数量庞大，而且这些企业存在生产水平低、工艺落后、环保技术落后等问题。

宜春，最近两年的空气质量照比过去有略微好转的趋势。但细分来看，SO_2的浓度略有下降，而NO_2和PM10的浓度有一定的上升，这和宜春市的工业战略调整有很大关系，市政府集中把市内污染企业转移到市郊工业区，花大力气提高城市绿化率，取得了一定成效，使SO_2浓度有所下降，但宜春市区人口和机动车保有量近年大幅度上升，加上城市的基础设施建设加快，如明月山飞机场、高速动车站的修建，导致汽车尾气排放量和建筑灰尘量大大提高，使空气质量的改善并不明显。

赣州，近几年的空气质量也在恶化。赣州市空气污染的特点是工业污染源过于集中，使得污染物难以扩散，加之城市绿化吸附能力有限，导致污染物过于集中。2014年，全市重空气污染企业有10家，其中有5家都分布在南康市，分别为众兴人造板有限公司、恒达木业、华洲木业、赣森人造板和华亿木业。该5家企业均为木业及人造板制造企业，其产生的废气占全市工业废气的30%以上。

吉安，近年的空气质量变化不大。吉安市的三大主要空气污染源是燃料燃烧、工业生产、交通运输，三大污染源以燃料燃烧最为严重，其产生的大气污染所占比例为65%。究其原因，在吉安市，天然气在社会生活中的使用尚不广泛，煤仍是工业生产和部分居民的首选燃料，而在燃煤市场上，高硫煤占主导地位，由于经济利润的原因，人们不愿意放弃廉价的高硫煤而选择清洁但昂贵的环保燃料。可见，吉安市在空气污染治理上应加强对清洁能源的推广，扩大清洁能源的使用范围。

景德镇，空气质量排名一直居于全省榜首，是全省唯一一个空气污染综合指数常年低于2的城市。景德镇有两大重要空气污染源，分别为位于景德镇北部的发电厂和东南部的焦化煤气厂，该两厂除硫、除氮、除尘的效率将直接影响全市的空气质量。

鹰潭，近两年的空气质量有逐步改善的趋势。鹰潭的主要空气污染物源于鹰潭市中心以东20公里处的贵溪市。贵溪是江西省新兴的工业基地，由贵溪电厂、贵溪冶炼厂等污染大户排放的空气污染物对周围乃至全鹰潭范围内的空气质量都带来了一定影响。因此,鹰潭的空气污染治理应将重点放在贵溪地区。

九江,近年的空气污染综合指数变化幅度并不大,说明九江市的空气质量一直维持在一定水平内。九江市的空气污染绝大部分来自工业企业的废气排放,而在九江市区的工业企业中,国电九江发电厂排放的二氧化硫一直占据全市工业企业排放总量的近五成。另外,在老城区,九江市新康达化工实业有限公司、江西无线电厂和九江德福电子材料有限公司也是排污量较大的重要源头。

上饶,近十年的经济发展和空气质量一直处于全省的落后位置。在SO_2、NO_2、PM10三种主要空气污染物中,SO_2的分担率一直大于其他城市,这说明上饶市SO_2的污染程度要比其他城市更严重,上饶市的空气污染防治更应重视SO_2的控排。

抚州,2005—2014年间的经济发展状况一直处于全省中下水平,但空气质量状况一直排名靠前,且近十年的变化并不明显。抚州市空气污染主要源是几大造纸厂和水泥厂,位于抚北镇的兰丰水泥有限公司和昌厦公路段的飞虎水泥有限公司为两大重要污染源。

二、空气质量评价

对于城市空气质量的评价,国际上通常将SO_2、NO_2、CO、TSP、PM10、NOx作为评价指标。但目前,国内对于空气质量的评价通常更侧重于SO_2、NO_2和PM10三项指标,且在2005—2014年间,《江西省环境保护公报》将该三种污染物作为主要空气污染物进行统计,因此,鉴于数据样本的完整性,本书将选取该三种空气污染物的年均浓度作为评价依据,对江西省11个城市的空气质量进行分析。

1. 主要污染物浓度达标率分析

江西省的行政区划主要包括11个设区市,本书首先对这11个城市主要空气污染物浓度年均值的达标情况进行分析研究，数据主要来源于《2014年江西省环境状况公报》，具体如表3-7。

表3-7 各地区主要污染物浓度（年平均 mg/m³）

地区	SO_2	NO_2	PM10
南昌市	0.042	0.038	0.118
景德镇市	0.022	0.02	0.068
萍乡市	0.044	0.036	0.07
九江市	0.039	0.035	0.075
新余市	0.038	0.027	0.08
鹰潭市	0.039	0.034	0.073
赣州市	0.028	0.019	0.07
吉安市	0.038	0.032	0.07
宜春市	0.033	0.031	0.07
抚州市	0.029	0.024	0.074
上饶市	0.059	0.032	0.074
平均	0.034	0.03	0.077

根据国家环境保护部2012年批准的《环境空气质量标准》，各污染物平均浓度限值如表3-8。

表3-8 空气环境质量标准（年平均 mg/m³）

污染物	浓度限值		参考标准
	一级	二级	
SO_2	0.02	0.06	空气环境质量标准 GB3095–2012
NO_2	0.04	0.04	
PM10	0.04	0.07	

注：该标准由国家环境保护部和国家质量监督检验检疫总局在2012年联合发布，规定了各类地区空气环境的标准分级，适用于环境空气质量的评价和管理。其中，标准浓度为年平均值。

由各城市的三项主要污染物年平均浓度可以看出，对于SO_2，11个城市的年均浓度均控制在0.03~0.06mg/m³的范围内，尚可达到二级标准。其中景德镇在11个城市中SO_2浓度最低，接近一级标准。对于NO_2，各城市的浓度控制在0.02~0.04 mg/m³的范围内，二级达标率为100%，但南昌市NO_2的浓度最高，为0.038 mg/m³，已接近二级标准的临界值。对于PM10，11个城市中仅有景德镇的PM10浓度值达到二级标准，其他各市的浓度值维持在0.07~0.12 mg/m³范围内，二级达标率仅为9%。可见三种主要污染物中，以PM10的污染程度最为严重。此外，11个城市中，景德镇的空气质量平均水平较高，三种主要污染物的浓度普遍低于其他城市，而省会南昌的空气质量水平最低，NO_2和PM10浓度为全省最高。

2. 基于综合污染指数法对空气环境质量的评价

综合污染指数是每一项空气污染物的单项指数的加和，该指数越大，说明空气质量越差，空气污染越严重。其数学表达式如下：

$$P = \sum_{i=1}^{n} p_i$$

$$P_i = c_i / s_i$$

$$K_i = P_i / P$$

其中：P为空气污染综合指数；P_i为空气污染物i的分指数；C_i为空气污染物i的浓度的年平均值，单位为mg/m³；S_i为空气污染物i在《空气环境质量标准》中的标准浓度限值，单位为mg/m³；K_i为空气污染物i在几种主要空气污染物中的分担率；n为空气污染物的项目数。以省会南昌为例，南昌市2012—2014年度各污染物年平均浓度如表3-9。

表3-9　南昌市2012—2014年主要污染物年平均浓度（单位 mg/m³）

城市	指标	2012	2013	2014
南昌	SO_2	0.039	0.039	0.042
	NO_2	0.058	0.045	0.038
	PM10	0.09	0.088	0.118

2014 年南昌市大气污染综合指数为

$$P_{2013} = \sum_{i=1}^{n} p_i = P_{SO_2} + P_{NO_2} + P_{PM10} = 3.36$$

参照空气污染指数分级标准可知，2014 年南昌市空气质量属于轻污染。按照同样方式，可计算得出南昌市 2012—2014 年的空气污染程度，如表3-10。

表 3-10　南昌市 2012—2014 年空气污染程度

南昌市	2012	2013	2014	平均
综合污染指数	3.38	3.03	3.36	3.26

由表可知，近三年，南昌市空气综合污染指数基本维持在 3 左右，一直属于轻污染范畴，距空气质量清洁的标准尚有一定距离。采用同样方法，可以计算出江西省其他城市 2012—2014 年的综合污染指数，从而得到全省各城市的综合污染指数评价结果以及各城市排名情况，具体情况如表 3-11。

表 3-11　11 个设区市 2012—2014 年综合污染指数及排名

城市	2012	2013	2014	平均	排名
景德镇	1.73	1.67	1.84	1.75	1
赣州	2.05	1.63	1.94	1.87	2
抚州	2.23	2.31	2.14	2.23	3
吉安	2.36	2.39	2.43	2.39	4
宜春	2.45	2.49	2.33	2.42	5
鹰潭	2.46	2.61	2.54	2.54	6
新余	2.51	2.67	2.45	2.54	7
九江	2.52	2.91	2.6	2.67	8
上饶	2.51	2.77	2.84	2.71	9
萍乡	2.76	2.79	2.63	2.73	10
南昌	3.38	3.03	3.36	3.26	11
全省平均	2.53	2.60	2.51	——	——

　　根据上表，横向来看，11 个城市的综合污染指数在 2012—2014 年间变化幅度均不大，全省平均水平在 2.50—2.60 之间，说明近三年各城市的综合污染指数能够保持在一定范围内，并没有呈现逐步加重的态势。纵向来看，全省空气质量排名前三的地区分别是景德镇、赣州和抚州，景德镇空气质量明显优于其他城市。南昌市空气质量相对较差，且近三年来一直处于全省倒数位置，这与上文关于污染物达标情况的分析结论一致。

　　此外，根据污染物分担率计算公式 $K_i=P_i/P$，可以计算出 11 个城市 2012—2014 年度各空气污染物的分担率及其严重程度，如表 3-12。

表 3-12　各城市三种主要污染物分担率（%）

城市	2012			2013			2014		
	SO_2	NO_2	PM10	SO_2	NO_2	PM10	SO_2	NO_2	PM10
景德镇	18.7	28.1	53.2	20.3	28.1	51.6	19.9	27.2	52.9
抚州	30.1	27.6	42.3	26.7	28.1	45.2	20.3	28.3	51.4
吉安	27.2	31.1	41.7	23.2	31.1	45.7	21.6	28.4	50.0
宜春	26.7	28.8	44.5	23.4	30.3	46.3	19.3	25.9	54.8
鹰潭	25.8	34.3	39.9	22.7	30.4	46.9	19.6	24.6	55.8
新余	26.1	29.3	44.6	22.9	30.4	46.7	21.6	26.7	51.7
九江	26.1	30.4	43.5	24.5	30.4	45.1	23.3	28.1	48.6
上饶	34.8	29.3	35.9	27.6	31.0	41.4	24.1	26.5	49.4
萍乡	27.1	30.5	42.4	26.1	26.6	47.3	21.6	26.9	51.4
赣州	25.5	20.4	54.1	22.7	25.2	52.1	20.6	28.3	51.1
南昌	29.7	30.7	39.6	23.9	30.3	45.9	20.8	28.3	50.9

　　11 个城市中，三种污染物的分担率大小依次为 PM10 > NO_2 > SO_2，这说明目前江西省以 PM10 为主的可吸入颗粒物的污染程度最为严重，二氧化氮次之。除景德镇和赣州外，近三年 SO_2 和 NO_2 两种污染物的分担率呈逐渐下降趋势，而 PM10 的分担率在逐步上升，说明可吸入颗粒物对于空气质量的影响还在进一步加重。可见，在空气污染的治理中应将可吸入颗粒物的防

治工作放在首要位置。

三、基于灰色聚类分析法对各城市空气质量的评价

依据 SO_2、NO_2、PM10 三种主要污染物在环境空气质量标准（GB3095-2012）中的浓度范围对江西省 11 个城市近三年（2012—2014 年）的平均水平进行聚类分析。

表3-13　空气质量评价结果

城市	优	良	轻度污染	中度污染	重度污染	严重污染	评价结果	主要污染物
南昌	0.1874	0.3176	0.4861	0.214	0.0861	0.0885	轻度污染	PM10、SO_2、NO_2
景德镇	0.3065	0.1983	0.1805	0.1223	0.0882	0.0244	优	PM10
萍乡	0.2257	0.4812	0.2163	0.2013	0.1689	0.0889	良	PM10、SO_2
九江	0.2829	0.5693	0.3358	0.2047	0.2406	0.1019	良	PM10、SO_2
新余	0.2512	0.4576	0.3655	0.2503	0.1379	0.0877	良	PM10、SO_2
鹰潭	0.3427	0.6735	0.3846	0.3316	0.1205	0.0356	良	PM10、SO_2
赣州	0.4861	0.3178	0.2946	0.214	0.1378	0.0878	优	PM10
宜春	0.4502	0.204	0.1552	0.1627	0.1586	0.0811	优	PM10
上饶	0.2758	0.407	0.1978	0.1899	0.1758	0.16	良	PM10、SO_2
吉安	0.5637	0.2759	0.2171	0.16	0.1905	0.061	优	PM10
抚州	0.3055	0.2405	0.1983	0.1882	0.1244	0.1223	优	PM10

聚类分析结果（表3-13）显示，除省会南昌空气质量为轻度污染外，其他 10 个设区市近三年的空气质量平均情况表现为优良，其中景德镇、赣州、宜春、吉安、抚州表现为优，萍乡、九江、新余、鹰潭、上饶表现为良。此外，PM10 成为全省的主要污染物，SO_2 污染呈现出一定的区域性，在萍乡、九江、新余、鹰潭、上饶 5 个地区较为严重。

四、江西主要空气污染物的浓度预测

本书对于三种污染物浓度的预测采用的是灰色预测理论。灰色预测理论

评价法以灰色理论为基础，应用于环境空气中，根据已知环境空气污染物的现有监测指标预测未来环境污染物浓度的变化趋势，评价各污染物的变化趋势对空气环境的影响。其基本思想是将时间序列转化为微分方程，从而建立以动态变化发展现状抽象而成的模型。本书依据江西省环境公报，搜集江西省 2005—2014 年的统计数据，根据全省 11 个城市的平均状况，以 SO_2、NO_2、PM10 为主要污染物进行预测分析，结果分别如表 3-14、3-15、3-16。

表 3-14　SO_2 浓度预测结果

序号	年份	预测浓度mg/m^3
1	2015	0.03454
2	2016	0.03326
3	2017	0.03337
4	2018	0.03242
5	2019	0.03276
6	2020	0.03231
7	2021	0.03142
8	2022	0.03142
9	2023	0.03099
10	2024	0.03042

可以看出，SO_2 的浓度一直保持在 0.03~0.04 mg/m^3 的范围内，尚未超过二级标准，并且呈现出一定的下降趋势。这说明江西省环保部门近年来对于 SO_2 的防治工作取得了一定成效。作为 SO_2 主要来源的化石燃料的燃烧在全省始终维持在一个较低的水平，化石燃料的燃烧也并非江西省空气污染的最大原因。

表 3-15　NO$_2$ 预测结果（单位：mg/m^3）

序号	年份	预测浓度
1	2015	0.02745
2	2016	0.02806
3	2017	0.02861
4	2018	0.02912
5	2019	0.02946
6	2020	0.02971
7	2021	0.03016
8	2022	0.03044
9	2023	0.03119
10	2024	0.03209

同样可以看出，NO$_2$ 的浓度变化整体呈现波动上升的趋势，但距离标准值 0.04 mg/m^3 仍有一定距离。作为主要空气污染物的 NO$_2$ 一般来源于电力、热力的生产和供应业以及汽车尾气的排放，是造成 NO$_2$ 污染的最主要因素。

表 3-16　PM10 预测结果（单位：mg/m^3）

序号	年份	预测浓度
1	2015	0.06534
2	2016	0.06735
3	2017	0.06965
4	2018	0.07043
5	2019	0.07191
6	2020	0.07246
7	2021	0.07316
8	2022	0.07411
9	2023	0.07519
10	2024	0.07533

近十年 PM10 的浓度一直保持在一个较高的水平之上并且将在 2018 年超过二级空气质量标准。PM10 为粒径小于 10 微米的微粒，主要源于污染源的直接排放，可在大气中长期漂浮。这说明大规模的城市建设活动产生的扬尘使空气环境中的可吸入颗粒物浓度逐步升高并成为影响江西省城市空气质量的最主要污染物。

以上的预测结果是以江西省目前的经济发展状态为背景，在保持当下经济发展速度不变以及环境政策稳定的情况下预测得到的。考虑到在未来十年的时间里，江西省还会不断出台与空气环境有关的治理政策以及一系列控制空气环境的措施，因此，以上的预测结果可能不能完全反映未来空气环境变化的实际情况，只是在现有治理政策和保护措施条件下对各污染物变化趋势的基本估算。江西省若保持现有环境因素和经济因素，在未来的十年不采取任何治理措施和环境管理，那么空气质量将会如预测结果显示，因此必须采取严格的治理和控制措施。

第三节　江西省城乡生活垃圾发展趋势预测

一、江西省生活垃圾产生量现状及处理现状

1.生活垃圾产生量现状

生活垃圾产生量持续增长。据 2003—2012 年垃级统计数据，从 2003 年到 2012 年十年间，江西省生活垃圾产生量总量增长近 40%，2003 年至 2008 年有所下降，2008 年开始继续增长，总体呈现持续增长态势（图 3-1）。年平均增长率 5.91%，2010—2012 年间生活垃圾增长率达到 6%~8%。

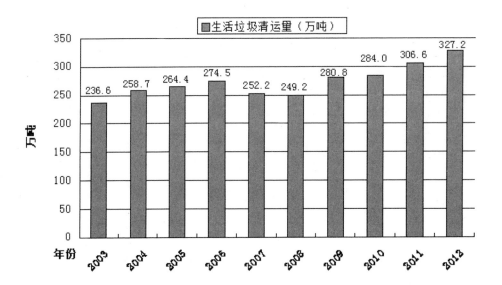

图 3-1　江西省 2003—2012 年生活垃圾产量

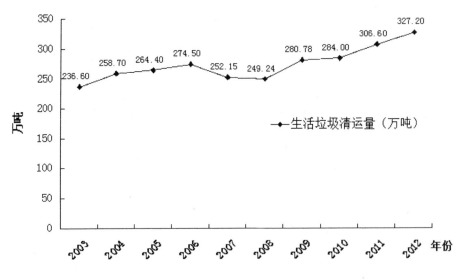

图 3-2　江西省 2003—2012 年生活垃圾产量趋势线

　　生活垃圾成分繁杂。据调查，城市生活垃圾包括一般性垃圾、人畜粪便、厨余垃圾、污泥、垃圾残渣和灰尘固体物质等。农村生活垃圾主要包括农业生产附属垃圾、燃料废渣、建筑材料类、厨余物、日用品废弃物、危险废旧物、人畜排泄物等。一般农村生活垃圾构成可参照表3-17。随着生活水平的提高，农村生活垃圾的数量和种类逐渐趋向于城市垃圾。

表 3-17　农村生活垃圾构成

垃圾构成	厨余	渣土	玻璃	金属	纸类	塑料	织物	其他	总量
平均比例（%）	24.54	55.76	1.51	0.64	2.88	6.02	1.61	7.05	100
平均比重（千克/人·天）	0.26	0.6	0.02	0.01	0.03	0.06	0.02	0.08	1.07

2.生活垃圾处理现状

（1）城市生活垃圾处理现状

江西省城市生活垃圾处理现状：目前，江西省11个地级市均采用卫生填埋方式处理市区生活垃圾，且各市均只有1个垃圾处理场，见表3-18。在填埋场数量上，2008年至2011年全省一共增加4座，2012年封场一座（表3-19）；在处理能力上，几乎全部垃圾填埋场处理量均超出设计标准，处于超负荷运行状态。如南昌市的麦园垃圾处理场作为南昌市唯一的生活垃圾处理场，设计使用年限为31.5年，设计日垃圾处置量为1000吨，但截至2012年底日均处置量已经达到2300吨，处置量已经远远超出设计标准。垃圾焚烧发电处理方式还处在起步阶段，江西省首座垃圾焚烧发电厂（南昌泉岭生活垃圾焚烧发电厂）于2013年7月29日动工建设，目前已经形成日处理生活垃圾1200吨规模，全年可处理生活垃圾40万吨，每年垃圾发电量约1.2亿度。

在各市生活固体垃圾经环卫车辆（设备总数参照表3-15）收集至垃圾填埋场后，往往未经过任何分类而直接填埋，填埋处理之前允许垃圾拾捡人员对部分有用的垃圾进行回收。垃圾填埋作业采取分区分单元分层方式，垃圾经称重进入垃圾场后，在管理人员指挥下进行卸料、推平、压实并先后进行中间覆盖和最终覆盖，完成填埋作业。

表 3-18   2012 年江西省各市垃圾处理场及车辆设备概况

城市	填埋场数量/个	填埋场处理量/万吨	市容环卫专用车辆设备总数/辆	城市	填埋场数量/个	填埋场处理量/万吨	市容环卫专用车辆设备总数/辆
南昌	1	81.94	300	赣州	1	35.00	100
景德镇	1	14.58	30	吉安	1	12.04	33
萍乡	1	16.83	75	宜春	1	15.92	59
九江	1	19.26	129	抚州	1	18.50	56
新余	1	16.33	84	上饶	1	19.06	37
鹰潭	1	7.48	23				

表 3-19   江西省 2008—2012 年无害化处理方式及处理场数量一览

时间	无害化处理厂数	卫生填埋	堆肥	焚烧（座）
2008年	12	12	—	—
2009年	13	13	—	—
2010年	13	13	—	—
2011年	16	16	—	—
2012年	15	15	—	—

　　表 3-20 列出了中部六省 2010—2012 年垃圾无害化处理情况,对比可发现,其间江西省垃圾无害化处理率位居前列并逐年提高，但是无害化处理方式比较单一，焚烧和其他处理技术基本处于空白状态，落后于其他五省。这表明在生活垃圾处理技术的选择和使用上，江西省应多加借鉴并予以改进。

表 3-20   中部六省 2010—2012 年垃圾无害化处理情况

省份	年份	无害化处理量（万吨）	#卫生填埋（万吨）	#焚烧（万吨）	#其他（万吨）	生活垃圾无害化处理率（%）
山西	2010	291.3	291.3	—	—	89.1
	2011	325.5	121.2	54.3	150.0	77.5
	2012	314.9	203.1	105.3	6.5	80.3

省份	年份	无害化处理量（万吨）	#卫生填埋（万吨）	#焚烧（万吨）	#其他（万吨）	生活垃圾无害化处理率（%）
河南	2010	573.7	501.0	65.7	6.9	82.6
	2011	615.9	538.0	70.7	7.1	84.4
	2012	687.6	588.3	91.0	8.3	86.4
湖北	2010	436.85	405.8	18.4	—	61.43
	2011	449.3	315.6	133.7	—	61.0
	2012	512.4	302.3	210.2	—	71.5
湖南	2010	399.1	399.1	—	—	79.0
	2011	459.0	459.0	—	—	86.4
	2012	537.2	514.5	22.7	—	95.0
安徽	2010	281	231.1	49.9	—	64.56
	2011	378.5	318.0	60.4	—	87.0
	2012	402.9	314.8	88.1	—	91.1
江西	2010	243.9	243.9	—	—	85.9
	2011	270.6	270.6	—	—	88.3
	2012	291.3	291.3	—	—	89.1

注：表3-18、3-19、3-20数据来源：中部六省历年统计年鉴

（2）农村生活垃圾处理现状

2009年5月底，江西省启动了农村清洁工程建设试点，实施"3+5"科学处理模式，至今已累计在82273个自然村点、1064个集镇开展垃圾无害化处理。"3"即村庄农户和集镇的居民户、保洁员、村（居）民理事会3个责任主体；"5"指对农村垃圾的5个分类处理路径。这种处理模式在一定程度上改善了农村卫生状况。但对于大部分农村来说，村级没有专职的保洁员，缺乏统一规划和管理，没有相应的规章制度，因此垃圾处理方式简单，多数村庄没有垃圾填埋场，缺乏垃圾池、垃圾桶、垃圾清运车，垃圾基本处于"无人收集、无人处理"的随意堆放状态，严重污染了农村环境卫生。

3. 实地调查

为了解江西省生活垃圾处理实际情况及居民满意度情况，课题组对此进行了实地调查。

（1）调查对象与方法

此次调查以江西省 11 个地级市为调查区域，以该区域内随机抽取的城市居民和农村居民为调查对象。此次调查采取调查问卷为主，个人访谈、现场考察为辅的调查方法。调查问卷的问题主要涉及生活垃圾的来源、生活垃圾处理现状、居民环保意识、居民对处理现状的态度、对垃圾的处理建议五个方面的内容（附录一、二）。调查分两步进行：各地走访调查和数据整理。走访调查时间为 2014 年 5 月。此次调查共完成了 320 份问卷，经遴选有效问卷为 306 份，有效回收率为 95.6%。

（2）调查结果

城市生活垃圾由于有统一的收运管理系统和处理处置系统，所以调查效果大大优于农村。调查问卷结果显示，将近 90% 的城市居民对自己所在城市的垃圾清理情况达到满意的程度，城市居民的环保意识良好。走访过程中，我们还是能发现一些问题，大部分城市街道采用了区分可回收与不可回收垃圾的分类式垃圾桶，但是居民丢弃垃圾时几乎不予区分，环卫工人收集时也采用混合收集方式；在一些地方，人们随地乱扔垃圾，对环卫部门设置的收集设施视而不见。

与城市生活垃圾调查情况相比，江西省农村垃圾污染情况较为严重，部分农村脏、乱、差现象比较突出，生态环境脆弱，农村生活垃圾长期以来靠大自然降解，严重影响自然环境。靠近河流和湖泊的农村"垃圾河边倒"现象十分普遍。大部分农村面临垃圾污染亟待处理、农村基础设施亟待完善的问题，有将近 75% 的村民对目前的生活环境感到不满意，形成对比的是，感到满意的村民仅占 14%，这充分说明了村民对这种"垃圾围村"的生活环境并不满意。关于垃圾集中收集设施以及保洁员聘用等新政策，75.8% 的村民否认本村有此基础设施和相关的保洁人员。除此之外，将近 89% 的村民认为

所在村缺乏统一规划和管理，没有相应的规章制度。这都表明农村垃圾妥善
处理问题到了亟待解决的时候。

　　城乡垃圾处理情况存在如此大的差异，与江西对环境的整治一直是"重
城市轻农村"密切相关，农村落后的卫生基础设施建设难以跟上经济发展的
脚步。据报道，江西省污染防治的投资几乎全部投到城市，城市垃圾处理场
却大多放在农村，一些污染企业也纷纷迁往农村，使部分农村环境恶化，垃
圾随意倾倒、无人治理、水质变坏、无法饮用。

二、江西省生活垃圾产生量预测及趋势分析

　　目前垃圾产量预测常采用的算法有灰色预测法、指数趋势模型及线性回
归分析法。影响生活垃圾产量的因素很多，主要有三类：内在因素、社会因
素和个体因素。社会因素和个体因素属于不可控制的因素，对垃圾产生量进
行预测难度很大，一般只考虑影响垃圾产生量的内在因素。考虑到实际情况
及数据的可获得性，选取了5组影响因素作为建模的备选影响因素：非农业
人口、地区生产总值（亿元）、清扫面积（万平方米）、气化率、城镇居民平
均每人每年消费支出（元）。

表 3-21　2003—2012 年江西城镇生活垃圾产量参量表

年份	生活垃圾清运量（万吨）	非农业人口（人）	地区生产总值（亿元）	清扫面积（万平方米）	气化率（%）	城镇居民平均每人每年消费支出（元）
2003	236.6	10614293	2807.41	4143.4	46.66	4914.6
2004	258.7	11192960	3456.7	4662.1	48.49	5337.84
2005	264.4	11329949	4056.76	5385	47.85	6109.44
2006	274.5	11607169	4820.53	5966	50.32	6645.6
2007	252.2	11663661	5800.25	6833	53.98	7810.73
2008	249.24	11990283	6971.05	8043	56.42	8717.37
2009	280.78	12046606	7655.18	8308	59.24	9739.99
2010	284	12065921	9451.26	9911	62.99	10618.69

年份	生活垃圾清运量（万吨）	非农业人口（人）	地区生产总值（亿元）	清扫面积（万平方米）	气化率（%）	城镇居民平均每人每年消费支出（元）
2011	306.6	12138833	11702.82	10217	69.47	11747.21
2012	327.2	12143200	12948.88	11964	70.67	12775.65

数据来源：历年《江西省统计年鉴》

　　江西省生活垃圾产量至少与以上 5 项因素有关，并且这些因素之间相互联系、相互影响，构成了一个复杂的预测系统。但这 5 项因素对垃圾产量的影响作用各有差异，每个因素的变化引起垃圾产量变化的程度有所不同，所以还需要对这些影响因素作进一步的分析。不考虑各因素指标的权重，采用灰色关联度分析各因素指标与生活垃圾产量之间的联系。

　　将已知的 2003—2012 年的 5 个影响因素数据代入回归方程，可得出 2003—2012 年的生活垃圾产量的拟合值，比对历史数据并进行相对误差计算，结果见表 3-22。

表 3-22　2003—2012 年江西城镇生活垃圾产量预测结果分析表

年份	2003	2004	2005	2006	2007	2008	2009	2010	2011	2012
实际值（万吨）	236.6	258.7	264.4	274.5	252.2	249.24	280.78	284	306.6	327.2
预测值（万吨）	246.9	251.2	247.8	254.5	263.3	270.8	274.8	289.3	304.5	310.8
误差（%）	4.353	-2.899	-6.278	-7.286	4.401	8.650	-2.129	1.866	-0.684	-5.0122

　　参照江西省委、省政府发布的《江西省新型城镇化规划（2014—2020 年）》，预计江西省 2020 年户籍人口城镇化率将达到 40% 左右。通过预算，在"十三五"期间江西城镇生活垃圾产生量将如表 3-23 所示。

表 3-23　2015—2020 年江西城镇生活垃圾产量预测结果

年份	非农业人口数（万人）	清扫面积（万平方米）	气化率（%）	城镇居民平均每人每年消费支出（元）	垃圾清运量（万吨）
2015	1429.96	17112.23	88.6	16696.7	367.3076
2016	1510.04	19228.50	94.9	18099.7	387.7259

年份	非农业人口数（万人）	清扫面积（万平方米）	气化率（%）	城镇居民平均每人每年消费支出（元）	垃圾清运量（万吨）
2017	1594.60	21606.48	100	19565.7	404.6804
2018	1683.90	24278.55	100	21094.7	406.5872
2019	1778.20	27281.08	100	22686.7	409.6408
2020	1877.78	30654.93	100	24341.6	414.0382

预测结果表明，随着人口、经济的增长，城镇化率加快，居民生活消费水平将不断提高，2015—2020 年江西省城镇生活垃圾产量也将持续增长，总量增长近 46.74 万吨，年平均增长率达到 20%。

第四节　江西省农业面源污染现状及时空发展特征分析

一、江西省农业面源污染现状

江西是农业大省，目前尚处于农业现代化的起步阶段，但是农业滥施农药、化肥和大量使用不可降解的农用地膜，对土壤、地下水生态环境造成严重污染，养殖业粪便未经处理而排放造成的恶臭和水体富营养化普遍存在，农业面源污染加剧。

1. 农业化学化污染

从 1990 年到 2014 年，江西省单位有效灌溉面积上农业化学化的使用量在不断增加（见图 3-3，数据来源：2015 年《江西省统计年鉴》）。有限的土地上要保持生态系统投入与产出的平衡，光靠有机肥无法满足，于是不断加大农业农资投入逐渐趋于对数的饱和增长态势，以获取更大的经济效益，但却忽视了环境的外部不经济性。

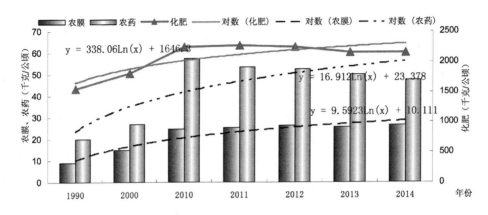

图 3-3   1990—2014 年江西省农业化学化单位有效灌溉面积投入量

以化肥（折纯）为例，2014 年江西省化肥单位有效灌溉面积投入量比 1990 年增加了 38.36%，比 2013 年下降了 0.02%。然而当前对化肥的利用率并不是很高，一般氮肥为 30%，磷肥 25%，钾肥 60% 左右，若取氮肥含氮 25%、磷肥含磷 30%、钾肥含钾 47%，复合肥中氮：磷：钾肥为 8：10：7，参照 2014 年江西省农村化肥中对氮肥、磷肥、钾肥和复合肥的使用比重，得到 2014 年江西省每公顷的有效灌溉面积上化肥使用中氮、磷和钾的流失量分别为 298.60 千克、335.13 千克和 141.93 千克，分别比 1990 年增长了 80.06%、138.86% 和 268.17%。可见，江西省单位有效灌溉面积的农业化学化使用的有效性不容乐观，化肥及农药在降水或灌溉的过程中，通过农田地表径流、农田排水和地下渗漏被带进水体而造成污染，土壤质量逐渐恶化。

过多化学农药肥料容易使土壤酸化，危害土壤中的无脊动物，降低土壤肥力，引起农田水体富营养化，同时对大气环境造成一定的影响。农膜是一种高分子材料，具有不易腐烂、难于降解的性能，散落在土地里会造成永久性污染，部分的腐蚀易降低土壤含氧量，影响农作物生长，虽然农膜的发明和使用被誉为农业"第三次革命"，适当使用可以促进农作物早熟、增产，提高农产品质量，但其覆盖种植方式导致了土壤的"白色污染问题"。

2. 农业生产废弃物污染

农业生产废弃物污染主要表现在农作物秸秆资源效益化较低，再利用方式弱化，污染数量不断增加；到处堆放的农业废弃物在雨水的冲刷下大量渗滤液排入水体；又由于农村垃圾有沿河沿湖岸堆放的习惯，在暴雨时会被直接冲入河道，从而形成更直接、危害更大的面源污染。根据近年江西省粮食单位播种面积产量（表3-24），假定粮草比为1：1.5，则可知近年江西省粮食秸秆的产生量，见图3-4，粮食秸秆单位播种面积的产量呈增长趋势。由于综合利用水平低下，剩余秸秆被大量焚烧，这不但浪费了生物资源，而且造成了严重的空气污染。

表 3-24 1978—2012 年江西省粮食作物单位播种面积产量（单位：千克/公顷）

年份	1978	1990	2000	2010	2011	2012	2013	2014
粮食作物单位播种面积产量	2946	4481	4860	5371	5624	5672	5733	5797

数据来源：2015 年《江西省统计年鉴》

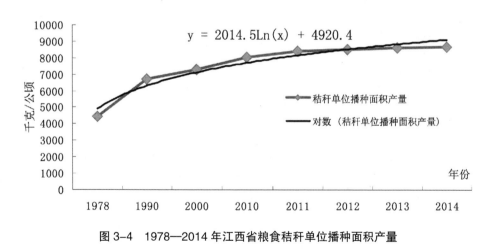

图 3-4 1978—2014 年江西省粮食秸秆单位播种面积产量

3. 农业畜牧业污染

畜牧业是江西省农业经济新的增长点和重要的支柱产业，但由此造成的农业面源污染日趋严重。由于禽畜粪便无害化、资源化处理步伐缓慢，大量的禽畜粪便未经处理而直接排入环境，污染了地表水和地下水。近年江西省养殖业发展迅速，且大多数成散养状态，容易滋生蚊蝇病菌，污染没得到有效的治理，严重影响水环境，也加剧了农业面源污染。

表 3-25   1990—2014 年江西省禽畜数量

指标	1990	1995	2000	2005	2010	2011	2012	2013	2014
牛年底存栏数/万头	323.7	384.42	369.36	371.87	315.74	318.11	323.66	331.1	333.4
牛出栏数/万头	13.4	51.01	57.45	101.43	139.62	139.24	143.84	146.27	149.58
猪年底存栏数/万头	1547.3	1951.03	1473.53	1485.37	1756.33	1827.51	1911.62	1967.61	1942.97
猪出栏数/万头	1313.2	2365.83	1992.27	2333.34	2897.54	2961.54	3130.64	3230.35	3325.66
出售家禽数/万羽	7276.3	17357.63	28521.55	36558.2	40048.7	41416.8	43277.48	44531.53	45854

数据来源：历年江西省统计年鉴

由表 3-25 可知，近年江西省禽畜数量逐渐增加，禽畜粪便排放总量也相对增多。据测定，按大小平均计算，一头猪日排泄粪尿 5 公斤（粪 2 公斤，尿 3 公斤），饲养期平均按 210 天计算，终生排泄粪尿 1050 公斤；一头牛年排泄粪尿 10950 公斤，其中粪占 66.67%，尿占 33.33%；一羽家禽日排泄粪尿 0.1 公斤，饲养期平均按 80 天计算，终生排泄粪尿 8 公斤。禽畜粪尿氮、磷、钾三要素含量见表 3-26。

表 3-26   禽畜粪尿氮、磷、钾三要素含量（单位：%）

粪尿种类	氮	磷	钾
猪粪	0.56	0.40	0.44
猪尿	0.30	0.12	0.95
牛粪	0.32	0.25	0.15
牛尿	0.50	0.03	0.65
禽粪尿	1.50	1.00	1.45

注：尿素含氮 46%，过磷酸钙含磷 20%，氯化钾含钾 55%

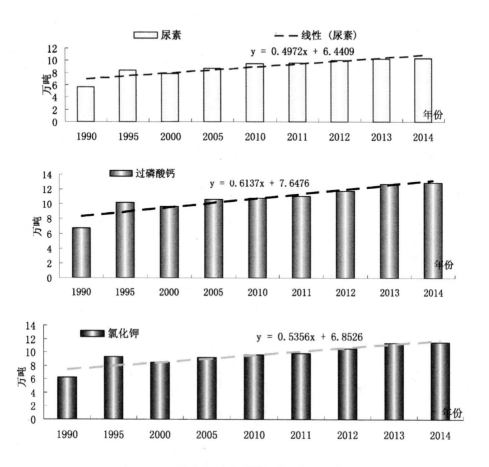

图 3-5　近年江西省禽畜粪便农业化肥折合量

统计后得到近年江西省禽畜粪便的氮、磷和钾的排放量，再折合成尿素、过磷酸钙和氯化钾的排放量情况，见图 3-5。从 1990 年到 2014 年间，各类化肥折合排放量呈增长趋势。当前，江西省对禽畜粪便的利用率还不是很高，这对环境承载力将是一个巨大的挑战。

4. 水产养殖污染

江西省境内有五河一湖，水资源非常丰富。鄱阳湖为中国第一大淡水湖，非常适合水产养殖，其水域总面积约 4596 平方公里（湖口占水位 22 米），还有近 20 万公顷适宜开发用于水产养殖的低洼田，水面资源丰富，水域生态环境良好，发展水产业优势明显，具有较大的渔业养殖潜力。鄱阳湖多年年均渔捞产量达 1.806 万吨，在全国五大淡水湖泊中居第二位。

近年水产养殖产业风生水起，单位面积水产品产量逐年升高，且呈较为迅速的增长模式（图 3-6），2014 年单产比 1990 年增加了 396.55%，这说明单位面积的水域需要消纳的鱼类废弃物也在逐渐增多。

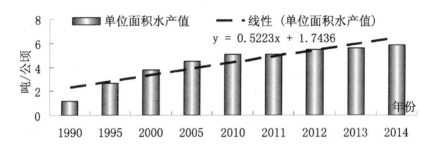

图 3-6　1990—2014 年江西省水产养殖情况

在养殖过程中，养殖水体需要施肥（主要是氮肥和磷肥），培养水体的浮游生物，以满足鱼类等动物对天然饵料的需求；投喂饲料，以确保养殖对象对食物的需求，但投喂的饲料鱼类一般不能 100% 利用，剩余的饲料沉入水中当肥料使用，而鱼类的饲料多是高蛋白饲料，经腐烂后为水体提供氮肥。因此，养殖水体具有一定的肥度，再加上生活污水、农田排水及化肥等排入，养殖水体成了一个富集营养物质的场所。一旦水质调节不当，养殖水体本身就会发生富营养化污染，如水库、湖泊中开展鱼箱养殖，当养殖密度超过了水体的自净能力，养殖区就极容易发生富营养化。

同时，水产养殖过程中存在的病害问题也成为制约江西省水产养殖的一个重要因素。病害严重的养殖水体不仅危害养殖对象，而且排放到其他水体后将造成病害的蔓延，农业面源污染不断加剧。

5.水土流失污染

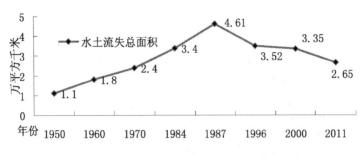

图 3-7　1950—2011 年江西省水土流失动态变化趋势图

20 世纪 90 年代以前，江西省水土流失较为严重，1987 年水土流失面积达到 4.61 万平方公里，比 1950 年增长了 3 倍多；90 年代后，由于政府对水土保持工作高度重视并加大了投入、人们对水土保持工作的认识提高、水保科技含量和治理成效增加（图 3-8），江西省水土流失面积迅速扩大的趋势得到了有效的遏制，面积呈逐年减小趋势（图 3-7）。尽管水土流失面积在逐年减小，但强度以上各类侵蚀面积不减反增，2011 年江西省土壤侵蚀主要为水力侵蚀，水力侵蚀面积为 2.65 万平方公里（图 3-9），占土地总面积的15.88%，水土流失日益严重，由此造成的农业面源污染加剧。

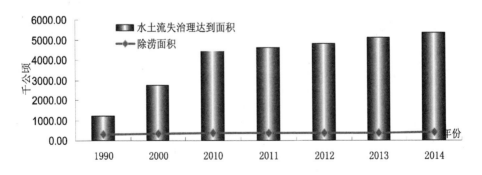

图 3-8　1990—2014 年江西省水土流失治理及除涝变化图

数据来源：2015 年《江西省统计年鉴》

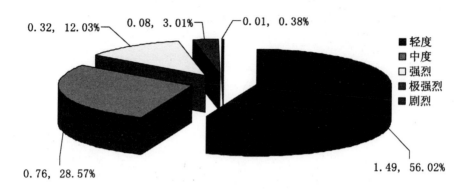

图3-9　2011年江西省各强度等级水土流失面积及占比图（单位：万km²）

数据来源：2013年《第一次全国水利普查水土保持情况公报》

水土污染主要表现在对农田侵蚀加剧上。农业耕种带来的扰动活动实际上会加剧对农田的侵蚀。90%以上的营养物质流失与土壤流失有关。水土流失与面源污染是密不可分的，由于雨污分流技术水平低，水土流失带来的泥沙本身就是污染物，而泥沙是有机物、金属、磷酸盐等污染物的主要携带者。水土流失成为发生面源污染的重要因素。流失的土壤带走了大量的氮、磷等营养物质，成为面源污染系统中不容忽视的重要组成部分。

二、江西省农业面源污染时序特征

结合以上分析，通过excel对各类农业面源污染指标进行时间序列的曲线拟合，得到近年江西省农业面源污染的时序特征，见表3-27。

表 3-27　近年江西省农业面源污染时序特征

污染指标		拟合曲线	时序特征
单位有效灌溉面积投入	化肥	Y=338.06Ln（x）+1646.3	
	农药	Y=16.912Ln（x）+23.378	
	农膜	Y=9.5923ln（x）+10.111	
农业生产废弃物排放		Y=2014.5Ln（x）+4920.4	增长趋势为：面源污染加剧
禽畜粪便污染物	尿素	y = 0.4972x + 6.4409	
	氯化钾	y = 0.5356x + 6.8526	
	过磷酸钙	y = 0.6137x + 7.6476	
单位面积水产养殖污染物		y = 0.5223x + 1.7436	
水土流失面积		y = 1.1811Ln（x）+ 1.2881	

注：y 是 x 以 1 为初始量，以 1 为单位时间序列变化的函数（y 为农业面源污染指标），下同。

由此可见，在现有科技投入和农业结构不变的情况下，未来时段内江西农业面源污染的发展趋势为：单位面积农业化学化的投入逐年增加，化肥更为明显，由于土壤的消纳能力和农作物的吸收能力有限，所以化学化的流失量也在增加，农业面源污染加剧；农业生产废弃物的排放增速较快，农业面源污染加剧；禽畜年存栏和出栏数量均在增加，排放的粪便自然增多，相当于农业方面投入的尿素、氯化钾和过磷酸钙等化肥投入响应提高，由此造成的农业面源污染加剧；单位面积水产品量增长系数较为陡峭，水域承载负荷加重，农业面源污染加剧；加速的水土流失会导致土壤退化和水环境恶化，加剧农业面源污染。

三、江西省农业面源污染空间特征分析

1. 农业面源污染空间现状

根据 2014 年不同污染源对省内 11 个地市农业面源污染空间现状进行分析，由于数据有限，选取江西省 11 地市单位播种面积化肥、农药和农膜投入，

单位面积猪、牛及家禽数量（粪尿排放系数一致）和单位面积水产量来描述当前的农业面源污染现状，利用这七类污染源进行量纲化处理来分析空间分异特征。

由图3-10可知，南昌、萍乡和宜春可划分为一类农业面源污染最为严重的区域，累积负荷均超过2500；新余、赣州、鹰潭、吉安、抚州和上饶为二类农业面源污染较为严重的区域，累积负荷均超过2000；九江为三类农业面源污染严重区域，累积负荷超过1500；景德镇为受农业面源污染最轻的区域，累积负荷低于1500。

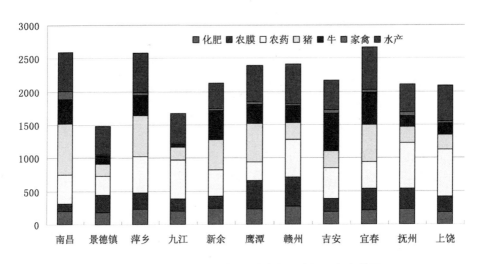

图3-10　2014年江西省11地市各污染源累积负荷图

2.农业面源污染空间分异特征

从江西省11个地市农业面源污染的现状来看，各类污染源累积负荷存在显著的空间分异特征。聚类分析可以依据数据本身将样本分组降维，同一类中的样本具有较大的相似性。这里对各污染源进行Z值标准化处理，采用分层聚类分析法，通过欧几里得距离平方和确定测量间距对江西省农业面源污染进行区域分异，并对分异特征进行描述。

将11地市的7类污染源进行聚类分析，可知九江与上饶的相似性较高且较早聚成了一类;萍乡与宜春的相似性较高且较早聚成了一类。如果聚成三类,则南昌为一类(第一类);九江、上饶、抚州、景德镇、新余、吉安为一类(第二类);其余各市为一类(第三类)。如果聚成四类,则新余和吉安自成一类。同时,7 类污染源把该区划分为 4 类时特点较突出,因此选择划分为 4 类区域(表 3–28)。

表 3–28　农业面源污染程度区域分类

类别	地区	类别	地区
第一类区域	九江、上饶、抚州、景德镇	第二类区域	新余、吉安
第三类区域	萍乡、宜春、鹰潭、赣州	第四类区域	南昌

结合江西省 11 地市聚类结果,可以发现四类区域的空间分异特征:

第一类区域为九江、上饶、抚州和景德镇,属于农业面源污染第三严重污染区域,以农业化学化污染为主。

第二类区域为新余和吉安,属于农业面源污染最轻区域,农业发展相对滞后。

第三类区域包括鹰潭、宜春、萍乡和赣州,属于农业面源污染第二严重污染区域,以禽畜粪便污染为主,水产养殖污染也较为严重。

第四类区域为南昌,属于农业面源污染最严重区域,各类污染源较为均衡。

由此可见,江西省 11 地市的各类农业污染源造成的面源污染存在显著的空间分异特征,污染严重区域主要是集中在南昌、鹰潭、宜春、萍乡和赣州等地,该类区域农业发展较为发达,产生的农业污染物增多,农业面源污染加重。因此,在这些农业生产在区域经济中占据重要地位的地市,对农业面源污染的控制和防治应该考虑该区农业生产的特性,因地制宜,调整好农业生产结构,控制农业化学化及禽畜粪便的随意排放,有效解决区域农业面源污染问题。

四、江西省农业面源污染成因分析

农业面源污染的影响因素很多，比如地表径流、大气干湿沉降、土壤侵蚀与流失、地形地貌、土壤植被、农田化肥和农药施用、农村家畜粪便及垃圾、农田污水灌溉等等。其中，土地利用方式、农事活动和田间管理、牲畜粪便污染与垃圾和社会经济因素等是可以通过人类的生产、生活进行改变的。

1.社会成因

经济水平在人的生产生活方式中起主导作用，社会经济因素会通过人为活动影响，影响土地利用方式、农业生产方式及管理水平、农村庭院养殖集中程度和规模、居民环境保护意识等。此外，农村人口现状及增长速度也会直接影响耕地利用方式及利用程度、农业面源污染物的产生总量。

（1）人口数量大，城镇化水平滞后，污染加剧

由于各方面原因，江西省一直保持着较高水平的人口出生率，人口迅速增加（如图3-11所示）。截至2014年末，江西省总人口达到4542.16万人，占全国总人口的3.32%，比1978年江西省总人口增加43%。因此，江西省面临巨大的人口压力,人口越多,向自然界排放的污染物也逐渐增多（数据来源：历年《江西省统计年鉴》，下同）。

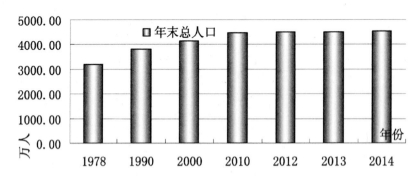

图 3-11　1978—2014 年江西省总人口变化情况

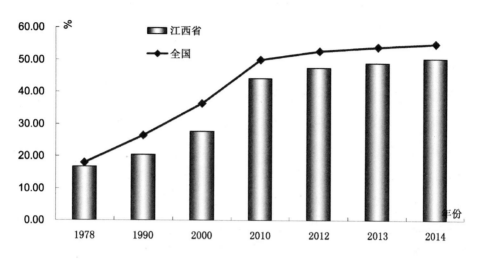

图 3-12　1978—2014 年江西省及全国城镇化率变化情况

　　同时，1978-2014 年江西省的城镇化率有所提高（图 3-12），然而基础设施建设却没有加强，相对于全国而言城镇化水平落后。城镇化使农村人口聚集于城镇，其有机排泄物及其他废弃物不能有效地进入农田生态系统，导致生活垃圾等的集中，加上处理设施落后，造成有机面源污染，也使农田有机投入物减少而加大化肥农药等替代物的使用造成环境面源污染。同时，城镇化也会扩大原有污染物的污染能力或派生出新的污染物，当这些污染物超过农村生态系统的净化能力后就会造成更严重的面源污染问题。

　　（2）政策法律体系不完善，执行不够彻底，污染加剧

　　江西省在水体上为连续完整的统一体，但在湖泊管理上却存在条块分割问题。从江西省管理总体构架来看，管理格局具有"分级、分部门、分区域"管理三结合特点，这对江西省农业环境管理非常不利。据问卷调查，目前江西省鄱阳湖区渔业管理、旅游开发等较受重视，对生态环境保护、水质保护等的重视程度不够。表现比较突出的如在经营性管理面前，水质保持管理显得软弱无力；污染总量控制仍停留在理想层面，鄱阳湖自净能力受到大容量污染物质影响而不断下降。从污染排放控制方面来看，污染排放控制管理存在一定的问题：一是达标排放依照的控制标准太低；二是鄱阳湖排污总量控

制不到位。

江西省尚未建立统一、有效的管理机构，政策法规也没有认真落实到农业环境的各个方面，地方有的部门设而不建、建而不管、管而不力的现象较为普遍，甚至一些重要环境领域还存在立法空白，如土壤污染防治、农用塑料薄膜污染、农村生活垃圾及生活污水污染等。可见，江西省政策法规机构和执法队伍建设的步伐还跟不上农业面源污染加剧的速度；基础设施是制约农业、农村、农民发展的瓶颈因素，农村基础设施建设政策的不完善也会导致江西省自然资源在开发利用过程中难以贯彻生态效益协调发展的原则，执法难度就会越来越大，环境污染问题逐步显现。

（3）农村劳动力转移，污染加剧

2014 年，江西省第一产业就业人数占总就业人数的 30.8%（图 3-13），相对 1978 年下降了 46.4%。很大一部分青壮年外出打工或转向非农业行业，留守的一般为老人和妇女。农忙后剩下的秸秆需要晒干并堆放起来，由于劳力短缺，而且现有的农业劳动力年纪偏大，短期内完成秸秆处理工作不太可能，村民就选择焚烧或推入河里、沟边等。因此，江西省农村人口老龄化和暂时性劳动力短缺的共同作用使农业生产效率降低是导致农业面源污染的重要原因之一。

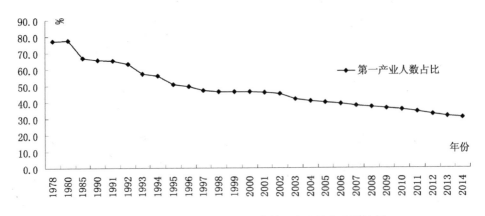

图 3-13　1978—2014 年江西省第一产业就业人数比例

另外，江西省越来越多的女性走上就业岗位，时间上的冲突使更多的女性使用便捷用品如方便袋、洗衣粉等来减少工作的生态时间支出；在农业生产中，妇女会大量使用化肥、农药，这对农业环境同样也带来了负担。

2. 生产成因

（1）土地利用及农业活动管理不合理

土地利用方式是影响面源污染的重要因素之一。不恰当的土地利用方式会导致土壤被侵蚀以及过量的 N、P 随地表径流流失，从而形成面源污染。土地利用类型的不同（如菜地、水稻田、小麦地等），地表径流污染的特征也不同。

农业活动和田间管理主要从农户行为角度对面源污染造成影响，包括化肥和农药的施用、合理的耕作及灌溉等等。

农民使用的化肥和农药是造成水体污染及富营养化的主要原因。长期过量的施用化肥和农药必定导致土壤、水体甚至是农产品的污染。据相关研究报道：施用的肥料的损失量与施用量呈较好的线性相关性，合理的氮肥使用量会减少氮的面源污染。

保护性耕作措施包括免耕、少耕及间套复种技术等。免耕、少耕法可大大减少土壤侵蚀和土壤有机碳的流失，亦相应减少了氮和磷的流失量。

污水灌溉是利用土壤对污染物的净化作用和农作物对营养元素的吸收作用来净化污水，但如果灌溉量过大或时间不当，同样会导致土壤和地表水及地下水体污染。过量的灌溉水还容易引起肥料的淋洗损失。

（2）农业结构不合理

长期以来，围湖造田，片面强调粮食，粮食作物品种内部结构单一，又片面强调稻谷，忽视了农、林、牧、渔全面发展和资源深度开发。根据第一产业总产值结构变化（图 3-14），2014 年农业产值占第一产业总产值的 42%，林、牧、渔业和服务业合计占 58%，对于江西省水面、平原、岗地、丘陵等地貌类型多样的优势而言，种植业比重仍偏大。同 1978 年农业产值占第一产业总产值 74% 相比较下降较多，牧业、渔业和服务业产值均有所上升，但与丰富的水、土资源和多种类型地貌的优势相比，江西省的农业生产布局在许多地方没有充分尊重客观规律，未能做到因地制宜、合理开发，农业产业结构存在较大的调整空间。

图3-14　1978—2014年江西省第一产业总产值构成

农业是江西省经济发展的基础，而农业主要是以种植业中的粮食种植为主，由于农业生产经济效益不高，而发展种植业需要土地，土地利用方式较单一，结构也不太合理。当前，人多地少使农村土地资源的开发已接近极限，加上土地质量的下降，边际产量递减，化肥、农药的施用成为提高土地产出水平的重要途径，过度使用化肥、农药引起土壤板结退化、河流湖泊的水体富营养化等大量污染问题，喷洒农药时还容易引起空气污染等，这些直接影响了人们的食品健康、饮水安全；农膜的大面积使用造成不易治理的"白色污染"。农药、化肥、薄膜和农村养殖业均对土壤、水、大气环境产生污染，渔业对水资源也会产生污染，放牧业对大气和森林土壤都有一定的污染效应。

（3）养殖业带来的污染

鄱阳湖是淡水类动植物繁养生息的好场所。鄱阳湖蚌类密度最大为河蚬，最高可达224个/平方米，蚌科的种类密度明显小于河蚬，蚌科种类中密度最大的圆顶珠蚌，最高可达0.4411个/平方米；螺类平均生物量和密度分别为77.28克/平方米和109.69个/平方米。同时，鄱阳湖也是各种淡水蟹类、鱼类的繁养基地。然而过分养殖导致排泄物增多容易引起水体的富营养化。近些年来，鄱阳湖区的水产养殖业不断发展，对周边农业环境的影响也日益突出。在养殖过程中，养殖水体需要施肥（主要是氮肥和磷肥）和投喂饲料，浪费量不断加大。由于养殖水体具有一定的肥度，再加上生活污水、农田排水及化肥等排入，养殖水体成了一个富集营养物质的场所，一旦水质调节不当，养殖水体本身就会发生富营养化污染，如水库、湖泊中开展鱼箱养殖，当养殖密度超过了水体的自净能力，养殖区就极容易发生富营养化。

禽畜养殖是江西省重要经济活动。由于禽畜粪便直接排入河道，未得到有效处理，污染了鄱阳湖的水体，对水中生物的生存构成了威胁。近年江西省出栏肉猪头数和家禽数量呈增长趋势，2014 年出栏肉猪数比 1990 年增长了 153.25%，出栏牛头数量增长了 10 余倍。以对水体影响最大的污染物化学需氧量为例，每吨禽畜粪便产生的化学需氧量约为 0.10 吨，由于禽畜越多，产生的粪便量就越多，由此可见禽畜粪便污染的危害程度。同时，粪便、污水渗入地下，还可造成地下水中的硝酸盐含量过高，而且禽畜粪便中含有大量病原微生物和寄生虫卵等，若直接用作肥料，其中的病原微生物和寄生虫等就会在土壤中生存和繁殖，污染土壤和农作物，扩大传染源，引起疫病的传播，从而影响健康甚至危及人民生命安全。

目前，江西省部分农村的生活垃圾堆存及随地丢弃现象较为普遍，导致污染物进入水体，尤其是在降雨季节，垃圾随着地表径流进入水体，形成大面积的污染。相关研究结果表明，畜禽粪尿污染、乡镇生活污染和地表径流污染是制约农业和环境可持续发展的三大关键污染因子。我国近年利用牛、猪、家禽的粪便生产有机肥的比率分别仅为 44%、43% 和 10%，这不仅是对资源的浪费，更是对环境的严重污染。

此外，很多地区畜禽养殖发展速度很快，但缺乏相应的污水处理系统，导致很多畜禽粪污直接排入水体造成水体污染；或过量的浇入农田，使农田的有机养分负荷超标，从过滤净化污染物转为释放污染物。

3. 市场成因

（1）农产品市场不健全

江西省是农业大省，但由于农产品市场不够完整，没有较好的鲜活农产品交易平台，而且其物流配送调度交易方式问题不少，绿色产品没有很好的招牌效应，"公司 + 基地 + 市场 + 农户"的产业化经营模式未得到很好的推广。市场对农产品的准入要求也不够严格，绿色产品没有优势，导致品牌效应失效，生产与销售没有很好的专业分工，与普通产品差价不大甚至一样。培育绿色产品需要花费更多的精力，加上交通不便，换来的效益却不多，还不如使用化学物质培育的好和快，农民更愿意依赖使用化学物质种植农作物来换取更大的经济效益。

（2）市场体制不够完善，营销手段落后

由于客观条件的制约和主观意识的影响，江西省市场化程度较低，绿色食品没能形成统一健全的营销网络和市场体制。由于缺乏信息引导和市场判断力，一些农民不能根据市场的潜在需求进行科学决策，仍停留在粗放式农业生产阶段。加上一些农业企业重生产不重营销，没有科学、完整地提高自己产品市场竞争力的营销思路和策略，影响了产品的市场占有率。这些也使农户不愿拓展绿色食品市场而从事粗放式农业生产，加剧了农业面源污染。

4. 文化成因

（1）教育事业发展滞后

2015 年《江西省统计年鉴》表明：2014 年，江西省普通高等学校仅有 95 所，占中部的 14.22%，占全国的 3.76%；在中部排名第五，比河南省少了 34 所！普通高等学校在校学生数为 91.64 万人，占中部的 13.19%，占全国的 3.6%，在中部排名第五，比河南省少了 76.33 万。由此可见，江西省教育机构的发展较为落后，江西省各类大学的数量并不多，尤其是高等院校。一个人的文化程度取决于就读学校的层次。一般情况下，一个人的学历与其自身的文化修养是成正比的，所以对江西省文化的追求目标因人而异，教育事业的滞后容易导致人们目光短浅忽视长远利益而一味追求眼前利益。教育节目也会影响人们对固体废弃物管理和回收动机之间的关系。所以，教育事业对农村环境的发展起着非常重要的作用。

（2）农村劳动力素质偏低

农业劳动力素质的高低，会影响农业产业结构的调整。目前，环鄱阳湖区农村农业劳动力整体素质偏低，具体表现在：

农民文化水平不高。环鄱阳湖区农业结构调整速度缓慢与农业科技普及推广慢，农民素质不高，接受农业新技术能力低有直接的关系，大众的意识及知识等都对农村环境有影响。由于环鄱阳湖区的教育事业发展滞后，造成了该区青年不平等的受教育的机会，这不仅限制了教育事业的发展，而且影响了农民文化素质的提高。尽管采取了各种措施支持农村，但至今仍有许多地区未能普及基础教育，给农村推广技术创新和科学管理带来了很大的困难。

农民思想意识落后，许多农村自然条件差，资源贫乏，经济基础薄弱，交通不便，信息闭塞，农民思想封闭。主要表现在：①守旧思想。大多数农民喜欢用自己过去的经验和现在的事物相比较，排斥新技术，造成了农业科技推广难；②求稳思想。由于农业抗自然风险和市场风险的能力差，加上大多数农民经济实力单薄，在生产和经营中形成了求稳怕乱、稳打稳扎的思想，在接受新技术、新项目时总是谨小慎微；③安贫思想。受传统意识的束缚，许多农民思想僵化，对新事物缺乏关注度，对科学技术无兴趣，认为贫困是命中注定的，存在一种宿命论的自我解剖，自我麻醉的满足心理，同时"等靠要"思想严重，有靠国家，吃救济的依赖心理。

（3）鄱阳湖文化的商业化

在以鄱阳湖为中心的鄱阳湖生态经济区建设中，文化资源无疑是其中的重要资源依托。鄱阳湖文化资源丰富，有遗址文化、旅游饮食文化等。鄱阳湖文化资源大大地丰富了湖区旅游资源的内涵，拓展了旅游的内容，提升了旅游的层次，但是，鄱阳湖文化也在不断地商业化，在经济效益增长的同时自然资源与环境也遭到相应的破坏，它在休闲功能的发挥上还有很大的潜力，在教育功能发挥方面近乎空白。由于外在支撑条件不足、宣传不够，资源的综合效益没有充分发挥出来，资源优势没有得到有效的转化，鄱阳湖区旅游业发展极不平衡，出现一边倒的现象。鄱阳湖区旅游资源赋存、地区经济发展水平和交通条件各不相同，旅游业生产力发展水平差别很大，有的甚至处于未开发状态，资源开发利用严重不平衡。风景区的核心区普遍出现人工化、城市化和商业化的现象，由于旅游资源的无序开发和管理混乱，风景区所在的农村地区面源污染加剧。

由前面的分析可知，江西省农业面源污染主要有四方面的原因造成，对其进行分析可得出以下结论：

（1）随着社会经济的快速发展，江西省人口不断增多，农村城镇化水平滞后，人们排放污染物的数量增加，加上政策体系的不完善及基础设施建设不健全和环境的外部不经济性，也导致农村面源污染更加严重。

（2）江西省第一产业的不平衡发展加速了农业生产对化学物质的过分依赖，鲜活农产品市场的不健全又导致农业投入下降，农村劳动力大量转移；省内分散式粗放禽畜养殖和水产养殖过密及不科学性也使区域内农业面源污染日益严重。

（3）人文社会的商业化可加速经济发展从而影响环境，农民自身文化素质修养不高也是加剧农业面源污染的因素之一。

根据农业面源污染的定义可知，该污染产生的途径主要是由人们在从事农业生产和生活活动时产生的非点源污染。研究也表明，造成农业面源污染的主要和典型的原因是农业生产活动，其他三方面的原因起辅助作用，对农业面源污染不会产生直接影响。

第五节　江西生态服务功能的价值评价

生态服务功能价值化是国内外学术界普遍关注的一个热点和难点问题。如果生态服务功能的市场价值能够被准确地评估和量化，那么它应该是确定生态补偿标准最好的依据和建立生态服务功能市场的最好基础。生态系统服务是指人类直接或间接从生态系统得到的利益，主要包括向经济社会系统输入有用的物质和能量、接受和转化来自经济社会系统的废弃物以及直接向人类社会成员提供的服务（如人们普遍享用的洁净空气、水等舒适性资源）。对人类来说，生态系统服务和自然资本的价值是非常大的，但是生态系统所提供的服务一般说来与传统经济学意义上的服务不同，只有小部分能够进行定量化的评估，进入市场被买卖，大多数生态系统服务是公共品或准公共品，无法进入市场。人们对于生态服务功能的评价，多数是对自然资本和生态系统服务的变动情况进行评价。随着生态经济学、环境和自然资源经济学的发展，生态学家和经济学家在评价自然资本和生态系统服务的变动方面做了大量研究工作。为了区别于传统的忽视环境资源价值的理论和方法，环境经济学家对环境资源的价值进行了重新界定，并把环境资源的价值称为总经济价值，包括使用价值和非使用价值（内在价值）。使用价值又可以分为直接使用价值、间接使用价值和选择价值。

目前还未形成比较公认的成熟的生态服务价值的定价方法。不同研究者对不同指标与参数选取的差异导致所得结果的变化很大。1997 年 Costanza 等在 Nature 上发表的论文使得生态系统价值估算方法在中国得到广泛应用，用于评估不同尺度不同类型生态系统的生态经济价值，但 Costanza 所采用的参数在中国的应用仍存在一些问题。不少学者对其进行修正，谢高地等基于Costanza 生态系统价值评估体系分别于 2002 年和 2007 年对中国约 700 位具有生态学背景的专业人员进行问卷调查，得出了新的生态系统价值评估当量表。但是谢高地等的研究成果呈现的是全国平均状态，如何将此当量表应用到各具体区域生态系统服务评价是要解决的重要问题。

本节在参照谢高地等当量表的基础上，根据江西省单位面积农田粮食产量的经济价值进行修订，使其成为江西省的生态系统服务价值当量表，计算出江西省及 11 地市的总的生态系统服务价值，以期为区域生态补偿的实施提供科学依据。

一、数据与方法

1. 单位面积生态系统服务价值的计算公式

$$V_t = \sum_i A_i \times Y_i / A_t$$

式中，V_t 为研究区单位面积生态系统总服务价值（元）；A_i 为研究区第 i 种土地利用类型面积（hm^2）；Y_i 为研究区第 i 种土地利用类型的生态服务价值系数；A_t 为研究区的土地总面积（hm^2）。

2. 吸收二氧化硫计算公式

$$U_{二氧化硫} = K_{二氧化硫} Q_{二氧化硫} A$$

式中：$U_{二氧化硫}$ 为森林年吸收二氧化硫价值（元·a^{-1}）；$K_{二氧化硫}$ 为二氧化硫治理费用（元·kg^{-1}）；$Q_{二氧化硫}$ 为单位面积森林年吸收二氧化硫量（$kg·hm^{-2}·a^{-1}$）；A 为森林面积（hm^2）。为达到江西省内氮氧化物排放量与吸收量平衡，本书 $Q_{氮氧化物}$ 取为 $0.0528 t·hm^{-2}$，比国内的取 $Q_{二氧化硫}$ 为阔叶林对 SO_2 的吸收能力为 0.08865（$t·hm^{-2}·a^{-1}$）稍低；$K_{二氧化硫}$ 取工业治理 SO_2 的费用，为 1200（元·a^{-1}）。

3. 吸收氮氧化物计算公式

$$U_{氮氧化物} = K_{氮氧化物} Q_{氮氧化物} A$$

式中：$U_{氮氧化物}$ 为森林年吸收氮氧化物价值（元·a^{-1}）；$K_{氮氧化物}$ 为氮氧化物治理费用（元·kg^{-1}）；$Q_{氮氧化物}$ 为单位面积森林年吸收氮氧化物量（$kg·hm^{-2}·a^{-1}$）；A 为森林面积（hm^2）。为达到江西省内氮氧化物排放量与吸收量平衡，本书 $Q_{氮氧化物}$ 取为 $0.05383 t·hm^{-2}$，比国内的单位面积阔叶林年吸收 NOx 能力 $0.38 t·hm^{-2}$ 稍低，$K_{氮氧化物}$ 取值为 630（元·t^{-1}）。

依据土地利用现状分类（GB/T21010–2007），江西省土地利用分为耕地、园地、林地、草地、城镇村及工矿用地、交通运输用地、水域及水利设施用地和其他用地八种类型，耕地主要含水田、水浇地、旱地；园地主要含果园、茶园、其他园地；林地主要含林地、灌木林地、其他林地；草地主要含天然牧草地、人工牧草地、其他草地；城镇村及工矿用地包括城市、建制镇、村庄、采矿用地、风景名胜及特殊用地；交通运输用地主要含铁路用地、公路用地、农村道路、机场用地、港口码头用地、管道运输用地；水域以及水利设施用地主要含河流水面、湖泊水面、水库水面、坑塘水面、沿海滩涂、内陆滩涂、沟渠、水利工程建筑用地等；其他土地主要含设施农用地、田坎、盐碱地、沼泽地、沙地、裸地。本节采用 2014 年 3 月《江西省第二次土地调查报告》中的数据，将江西生态资源类型整合为森林、草地、耕地、湿地、水面和荒漠六种类型。其中，园地被划归森林；水面包括河流、湖泊、水库和坑塘水面；湿地包括内陆滩涂和沼泽地；荒漠包括沙地、裸地和盐碱地（表 3-29）。假设城镇村及工矿用地、水利工程建筑用地、设施农用地等建设用地的生态价值为零，不纳入计算范围。

　　根据江西省土地利用调查数据，截至 2011 年末，江西总土地面积 1669.36 万 hm^2，其中，建设用地占 7.90%。其他生态用地以森林与园地所占比重最大，为 64.21%；其次为耕地和水体，分别占 18.48% 和 5.72%；草地与湿地所占分别为 1.77% 和 1.70%，因此也不容忽视。江西省 11 地市森林面积最大的为赣州市，其次是吉安市与上饶市，最小的是新余市；耕地面积最大的是宜春市，其次是上饶市与吉安市，最小的为萍乡市；水体以九江市最大，其次是上饶市与南昌市，最小的为萍乡市。2011 年末与年初相比，城镇村及工矿用地、交通运输面积增加，来源于研究区内林地、园地、草地减少的转化。

表 3-29　2011 年江西省 11 地市各土地利用类型面积表　　万公顷

	森林	草地	耕地	湿地	水体	荒漠	建设用地	小计
赣州	305.75	5.89	43.76	3.51	8.72	0.81	25.19	393.63
吉安	176.19	4.35	44.27	2.81	8.93	0.2	16.08	252.83
上饶	134.32	4.35	45.81	4.53	18.29	0.91	19.16	227.37
九江	111.02	3.58	31.43	3.54	26.97	0.36	13.87	190.77
抚州	128.92	3.84	34.21	2.81	6.18	0.41	11.62	187.99
宜春	107.02	3.39	47.49	2.77	8.42	0.2	17.4	186.69
南昌	11.76	1.43	28.08	5.85	12.5	0.09	12.23	71.94

	森林	草地	耕地	湿地	水体	荒漠	建设用地	小计
景德镇	36.25	0.78	9.28	0.76	1.52	0.04	4	52.63
萍乡	25.1	0.7	6.64	0.36	0.71	0.01	4.78	38.3
鹰潭	19.26	0.58	9.14	0.91	1.48	0.47	3.75	35.59
新余	16.38	0.71	8.39	0.49	1.69	0.09	3.85	31.6
小计	1071.97	29.6	308.5	28.34	95.41	3.59	131.94	1669.35

二、生态服务价值当量与生态系统服务价值

表（3-30）定义 $1hm^2$ 全国平均产量的农田每年自然粮食产量的经济价值为1，其他生态系统生态服务价值当量因子是指生态系统产生该生态服务的相对于农田食物生产服务的贡献大小。另外，生态系统服务的市场价值已经在市场机制中转化成货币，为区域的发展作出了贡献，因此，在生态补偿额的确定中只取其中的非市场价值部分。

表 3-30　不同生态系统类型单位面积生态服务价值当量表

	服务	森林	草地	农田	湿地	水体	荒漠
市场价值	食物生产	0.33	0.43	1	0.36	0.53	0.02
	原材料	2.98	0.36	0.39	0.24	0.35	0.04
	小计	3.31	0.79	1.39	0.6	0.88	0.06
非市场价值	气体调节	4.32	1.5	0.72	2.41	0.51	0.06
	气候调节	4.07	1.56	0.97	13.55	2.06	0.13
	水源涵养	4.09	1.52	0.77	13.44	18.77	0.07
	土壤形成与保护	4.02	2.24	1.47	1.99	0.41	0.17
	废物处理	1.72	1.32	1.39	14.4	14.85	0.26
	生物多样性保护	4.51	1.87	1.02	3.69	3.43	0.4
	娱乐文化	2.08	0.87	0.17	4.69	4.44	0.24
	小计	24.81	10.88	6.51	54.17	44.47	1.33
合计		28.12	11.67	7.9	54.77	45.35	1.39

数据来源于谢高地等

　　谢高地等计算中国 1 个生态服务价值当量因子的 2007 的经济价值量为 449.11 元 /hm²，2011 年因考虑到价格上涨及江西省粮食单位面积产量与全国平均产量的差异，江西省 1 个生态服务价值当量因子的 2011 年的经济价值量取值为 656.72 元 /hm²。将其与表 3-26 的土地利用类型及表 3-27 各不同生态系统类型单位面积生态服务价值当量表相乘后相加得到 11 地市的非市场生态系统服务价值（表 3-31）。

表 3-31　江西省 11 地市各土地利用类型生态系统服务价值

地市	生态系统服务市场价值（亿元）	生态系统服务非市场价值（亿元）	总价值（亿元）	单位面积生态服务价值（元）
上饶市	34.84	311.15	346	16617.5
九江市	28.89	288.27	317.16	17929.16
南昌市	6.15	89.51	95.65	16019.4
吉安市	43.19	345.21	388.4	16404.81
宜春市	28.37	231.56	259.93	15354.07
抚州市	31.82	255.51	287.32	16291.17
新余市	4.48	37.47	41.95	15115.38
景德镇市	8.88	70.74	79.62	16375.32
萍乡市	6.15	47.59	53.74	16029.93
赣州市	71.41	559.08	630.49	17112.39
鹰潭市	5.17	43.31	48.49	15224.59
合计	269.36	2279.39	2548.75	16578.03

　　由此可见，鄱阳湖流域非市场生态系统服务总价值为 2279.39 亿元，占江西省 GDP 的 19.78%。根据单位面积生态系统服务价值的大小可对江西省 11 地市进行分区，宜春市、鹰潭市、新余市为低价值区，南昌市、萍乡市、抚州市、景德镇市、吉安市为中价值区，上饶市、赣州市与九江市为高价值区，与 2006 年邓红兵等的研究结果有所不同，特别是赣州，由低价值区转为高价值区，主要是因为生态系统是动态变化的，高价值区中要通过发展生态农业、

生态旅游业等产业保持该区域生态系统服务功能不下降，积极争取国家的生态补偿资金支持。

从不同土地利用类型的服务功能类型来看，江西省森林生态系统服务价值所占比重最大，其价值量大小依次为：森林（76.62%）>水体（12.22%）>耕地（5.79%）>湿地（4.42%）>草地（0.93%）。在各种土地生态系统类型中，除南昌市外，其余各地市森林生态系统产生的服务价值均最大，占总价值的62.75%~89.11%，比例以赣州市最高。南昌市虽然森林生态系统服务功能仅占总价值量的21.40%，但水体与湿地分别占总价值量的40.79%与23.25%，主要是因为水体与湿地单位面积生态系统服务价值高。

在不同主体功能定位的区域，其人均生态系统服务价值由重点开发区、限制开发农业区到限制开发生态区递增，这种递增反映了随着开发强度的增强，其生态系统服务价值是递减的。江西省重点开发区，如以上饶（仅指市区）、鹰潭为复合中心的赣东北区域经济增长板块，以萍乡、宜春、新余为复合中心的赣西区域经济增长板块，其人均生态系统服务价值低于限制开发区赣州市、吉安市、抚州市。而赣州市、吉安市、抚州市限制开发区属于江西省贫困地区，但因生态环境建设意义重大，不能进行大规模的城镇化建设，而让其有选择地发展对区域生态环境无破坏甚至有益的产业，这样就限制了其发展，使其为区域的整体发展做出牺牲，应该由生态受益的重点开发区对其进行生态补偿。

第四章

江西生态文明建设与新型城镇化发展质量评价

第一节　江西生态文明建设的指标体系构建

一、评价指标体系的初步构建

生态文明是一个非常复杂的概念，涵盖内容十分广泛。本书在研究国内外文献的基础上，结合前文的阐述以及《江西建设全国生态文明示范省规划（2013—2020）》，拟从生态经济、生态环境、生态社会、生态文化和生态制度五个方面构建江西生态文明建设的评价指标体系，具体指标如下表：

表 4-1　江西生态文明建设评价指标体系

目标层	准则层	指标层
生态文明建设水平	生态经济	人均EDP，地区生态总值，万元生产总值能耗，万元生产总值电耗，万元生产总值工业三废排放量，第三产业占GDP的比重，战略性新兴产业增加值占GDP的比重，环保支出占GDP的比重，R&D投入占GDP比重，省级以上工业园区单位投资强度
	生态环境	森林覆盖率，森林蓄积量，清洁能源占能源消费总量的比例，非化石能源占一次能源消费比重，设区城市空气质量优良率，全省主要河流监测断面Ⅰ-Ⅲ类水质比重，主要污染物排放量累计下降，城镇生活污水集中处理率，城镇生活垃圾无害化处理率，土壤清洁指数、自然保护区占全省国土面积，自然湿地保护率，城市建成区绿化覆盖率，人均公共绿地面积，生态环境状况指数

目标层	准则层	指标层
生态文明建设水平	生态社会	城镇化率，城镇居民人均可支配收入，农民人均纯收入，人均预期寿命，城市饮用水源达标率，财政性教育经费支出占GDP的比重，新建绿色建筑比例，饮用水安全，市民对城市生态环境的满意度
	生态文化	公共交通出行分担率，每万人拥有公交数，市民对政府改善城市绿化的支持率，市民购物携带环保袋率，政府绿色采购比例，绿色消费行为程度，公众节能、节水意识程度，生态环境教育课时比例
	生态制度	生态环境质量纳入党政绩效考核比重，环境信息公开率，生态文明宣传教育普及率，环境监管能力建设，环境法制建设，生态环境议案、提案、建议比率

数据来源：历年中国统计年鉴、历年江西统计年鉴、历年中国城市统计年鉴、历年中国环境统计年鉴、历年江西各地市统计年鉴

二、指标体系的筛选

1.指标体系筛选的原则

评价指标体系的选取是一个科学的过程，过多的评价指标不但造成数据量过大、信息交叉重叠，还会带来非常繁杂的计算过程，不利于评价的简洁方便，但是过少的评价指标又会造成信息遗漏，缺乏代表性，难以真实反映被评价对象，因此，恰当地选取指标非常重要，并直接决定评价结果。在选取评价指标体系时应尽量采取以下原则：

（1）系统性原则。各指标与被评价对象以及各指标之间要有一定的逻辑关系，它们要从不同的侧面反映被评价对象的主要特征和状态，且各指标之间最好相互独立，共同构成一个有机统一体。

（2）典型性且全面性。评价指标要具有一定的典型代表性，尽可能准确、全面地涵盖评价内容，反映被评价对象的综合特征等。

（3）实用性原则。指标体系的构建是为区域政策制定和科学管理服务的，因此指标选取上一定要注意指标的实用性，具有可比性、可量化性，便于进行数学计算和分析，以便进行统一的操作和对比，从而为政府提供科学决策的依据。

（4）可获得性原则。选取的指标一定要较容易获得数据，数据最好具有动态持续性，以便进行纵向对比。

2.指标体系筛选的方法

筛选指标的方法主要有定性筛选和定量筛选两种。定性筛选能够充分发挥专家学者的主观性，对政策导向性的指标体系更具有参考价值，缺点是缺乏数据所反映的客观性，特别容易受相关专家的偏好、知识专业性影响，不同的专家学者可能筛选的指标差异较大。定量筛选是基于指标的客观数据，运用一定的方法模型计算从而做出筛选的一种方法。它完全以客观数据为依据，具有较强的数学理论基础，减少了人为的偏差，但另一方面没有考虑决策者的意向的问题。因此，本书拟结合定性筛选和定量筛选两种方法，扬长避短，综合确定评价的指标体系。

（1）定性筛选方法。指标的定性筛选方法主要有专家咨询法、层次分析法（AHP）等等。专家咨询法是指在咨询相关专家并根据他们的经验和意见的基础上对指标进行筛选调整。层次分析法（AHP）是将与决策有关的指标或元素分解成目标层、准则层、指标层等层次，对各指标之间进行两两对比之后，然后按1~9标度法排定各评价指标的相对优劣顺序，依次构造出评价指标的两两判断矩阵，并在此基础之上进行赋权的决策方法。

（2）定量筛选方法。指标的定量筛选方法主要有频度统计法、熵权法等等。频度统计法是在梳理国内外文献的基础上，综合统计国内外学者采用相关指标的次数，从而得出哪些指标被大多数学者所采用。熵权法是指通过计算各指标的信息熵，从而反映指标提供的信息量的大小，如果指标的信息熵越小，则该指标的信息量越大，那么其对决策层的作用越大，权重也就越高。

3.指标体系筛选的结果

根据前文定性筛选法中的专家咨询法以及定量筛选法中的频度统计法，结合指标体系筛选的原则，选取江西省生态文明建设指标体系，如表4-2。

表4-2　江西省生态文明建设指标体系

目标层（A）	准则层（B）	指标层X	指标符号	指标属性
生态文明建设水平	生态经济（B₁）	人均EDP（亿元）	X_1	正向指标
		万元生产总值能耗（吨标煤/元）	X_2	负向指标
		万元生产总值电耗（万千瓦时/万元）	X_3	负向指标
		万元生产总值工业废水排放量（吨/万元）	X_4	负向指标
		万元生产总值废气排放量（万立方米/万元）	X_5	负向指标
		万元生产总值一般工业固体废弃物产生量（吨/万元）	X_6	负向指标
		第三产业占GDP比重	X_7	正向指标
		节能环保支出占GDP比重	X_8	正向指标
	生态环境（B₂）	森林覆盖率（%）	X_9	正向指标
		建成区绿化覆盖率（%）	X_{10}	正向指标
		自然保护区（个）	X_{11}	正向指标
		清洁能源占能源消费总量占比（%）	X_{12}	正向指标
		空气质量优良率（%）	X_{13}	正向指标
		年平均降水量（0.1mm/△R）	X_{14}	正向指标
		年日照时数（0.1h/△S）	X_{15}	正向指标
		年平均相对湿度（%/△U）	X_{16}	正向指标
	生态社会（B₃）	城市污水处理率（%）	X_{17}	正向指标
		生活垃圾无害化处理率（%）	X_{18}	正向指标
		城镇化率（%）	X_{19}	正向指标
		城镇住户人均年可支配收入（元）	X_{20}	正向指标
		农村住户人均年可支配收入（元）	X_{21}	正向指标
		人口密度（人/平方公里）	X_{22}	负向指标
		人口自然增长率/0.1%	X_{23}	正向指标

目标层（A）	准则层（B）	指标层X	指标符号	指标属性
生态文明建设水平	生态文化（B₄）	财政教育支出占GDP比重	X₂₄	正向指标
		单位面积公共车辆运营数（辆/万平方米）	X₂₅	负向指标
		居民对政府改善生态环境的支持率（%）	X₂₆	正向指标
		居民对生态环境的满意度（%）	X₂₇	正向指标
	生态制度（B₅）	环境法治建设（生态环保法（个））	X₂₈	正向指标
		生态气象观测站（个）	X₂₉	正向指标
		市民购物携带环保袋率（%）	X₃₀	正向指标
		生态文明宣传教育普及率（%）	X₃₁	正向指标
		生态环境考评制度	X₃₂	正向指标

EDP 是在 GDP 的基础上扣除资源消耗与环境污染造成的损失。多数学者研究证实，资源消耗与环境污染造成的损失费用占 GDP 的比重在 20%~40% 之间。本书参考大多数学者的观点，统一取 30%。但是，各地区资源消耗与环境污染造成的损失费用占 GDP 的比重是难以确定的且不可能完全相同，存在时空差异。因此，后文对各地区生态文明的研究需要以 EDP 的核算为基础。

居民对政府改善生态环境的支持率、居民对生态环境的满意度、市民购物携带环保袋率和生态文明宣传教育普及率均为调研数据。

第二节　江西省生态文明建设的综合水平评价

一、江西生态文明建设的主要测评方法

主成分分析方法的核心就是降维，即用较少的几个综合指标来代替原来较多的指标，并尽量较多地反映原来的信息，同时它们之间又是彼此独立的。它通过线性替换将一组相关变量转成另一组不相关的变量，这些新的变量按照方差依次递减的顺序排列。在数学变换中保持变量的总方差不变，使第一变量具有最大的方差，称为第一主成分；第二变量的方差次大，且和第一变

量不相关，称为第二主成分。依次类推。其具体步骤如下：

1.指标的同向化

主成分分析法的指标体系要求各指标具有相同的单调性，因此在计算前首先需要对各指标进行同向化处理。考虑到本书指标多为效益型指标（越大越优型指标），本书将对指标体系中的成本型指标（或效益型指标）进行倒数化正向处理。

2.样本矩阵的标准化

对评价指标进行无量纲标准化，从而消除评价指标因不同量纲对分析结果产生的影响。其公式为：

$$X'_{ik} = \frac{X_{ik} - \overline{X_k}}{S_k} \quad （4-1）$$

式中，$\overline{X_k}$ 为样本均值，S_k 为样本标准差。

3.求标准化矩阵 R 的特征值 λ 及特征向量

通过正交化 Q 使

$$Q'RQ = \begin{bmatrix} \lambda_1 & & & \\ & \lambda_2 & & \\ & & \cdots & \\ & & & \lambda_p \end{bmatrix} \quad （4-2）$$

则 $\lambda_1, \lambda_2, \ldots, \lambda_p$ 就是 R 的 P 个特征根。

4.建立主成分

按累积方差贡献率准则：

$$\frac{\sum_{j=1}^{k} \lambda_j}{\sum_{j=1}^{p} r_j} = \frac{\sum_{j=1}^{k} \lambda_j}{p} > 85\% \quad （4-3）$$

确定 k 值，建立前 k 个主成分：

$$Zj=l'_j Z = l_{1j}Y_1 + l_{2j}Y_2 + \cdots\cdots + l_{p}Y_p \quad (j=1,\ 2,\ \cdots\cdots,\ k) \qquad (4-4)$$

其中 Y_1，Y_2，$\cdots\cdots$，Y_p 为标准化指标变量。

二、江西省生态文明指数测度

指标数据为 2005—2014 年年度数据。通过 SPSS 软件对指标体系提取主成分，采用主成分分析法提取特征值大于 1 的因子，运用最大方差法（Varimax）进行因子旋转，得到表 4–3。

表 4–3　解释的总方差

成份	初始特征值			提取平方和载入			旋转平方和载入		
	合计	方差的 %	累积 %	合计	方差的 %	累积 %	合计	方差的 %	累积 %
1	22.788	73.509	73.509	22.788	73.509	73.509	20.827	67.185	67.185
2	3.197	10.312	83.822	3.197	10.312	83.822	4.869	15.706	82.891
3	1.546	4.986	88.808	1.546	4.986	88.808	1.618	5.22	88.111
4	1.27	4.097	92.905	1.27	4.097	92.905	1.486	4.794	92.905
5	0.757	2.44	95.346						
6	0.593	1.912	97.258						
7	0.403	1.301	98.559						
8	0.308	0.993	99.552						
9	0.139	0.448	100						

提取方法：主成分分析

由表 4–3 可知，前 4 个主成分的特征根均大于 1，且方差贡献率达到了92.905%，这说明提取前 4 个主因子是比较合适的，故提取 4 个主成分。

结合负载矩阵（表 4–4），各因子前的系数表示变量在因子上的载荷，可得到各观测量的因子表达式，如：

主因子一 $Z_1=0.982X_1-0.986X_2-0.984X_3\cdots+0.997X_{31}$

主因子二 $Z_2=-0.161X_1-0.083X_2-0.063X_3\cdots+0.012X_{31}$

主因子三 $Z_3=0.028X_1-0.106X_2-0.071X_3\cdots-0.001X_{31}$

主因子四 $Z_4=-0.073X_1+0.033X_2-0.021X_3\cdots+0.011X_{31}$

表4-4 初始因子载荷矩阵

	成分			
	1	2	3	4
人均EDPX_1	0.982	−0.161	0.028	−0.073
万元生产总值能耗X_2	−0.986	−0.083	−0.106	0.033
万元生产总值电耗X_3	−0.984	−0.063	−0.071	−0.021
万元生产总值工业废水排放量X_4	−0.993	−0.028	−0.026	−0.014
万元生产总值废气排放量X_5	0.153	0.296	0.762	−0.346
万元生产总值一般工业固体废弃物产生量X_6	−0.985	−0.084	0.017	−0.019
第三产业占GDP比重X_7	0.599	−0.371	−0.325	0.105
节能环保支出占GDP比重X_8	0.764	0.455	−0.134	0.341
森林覆盖率X_9	0.92	0.059	0.078	−0.127
建成区绿化覆盖率X_{10}	0.87	0.443	0.124	−0.01
自然保护区X_{11}	0.99	−0.092	−0.034	0.01
清洁能源占能源消费总量占比X_{12}	0.355	−0.8	0.062	0.415
空气质量优良率X_{13}	0.802	−0.567	0.1	−0.086
年平均降水量X_{14}	0.941	0.222	0.052	−0.035
年日照时数X_{15}	0.937	0.309	0.012	0.008
年平均相对湿度X_{16}	0.996	−0.063	−0.021	−0.007
城市污水处理率X_{17}	0.982	−0.157	−0.047	−0.032
生活垃圾无害化处理率X_{18}	0.964	−0.227	−0.055	−0.062
城镇化率X_{19}	0.996	0.065	0.029	−0.018
城镇住户人均年可支配收入X_{20}	−0.848	0.453	0.044	0.105
农村住户人均年可支配收入X_{21}	0.285	−0.65	−0.22	−0.266
人口密度X_{22}	0.006	0.603	−0.498	0.354
人口自然增长率X_{23}	0.181	−0.23	0.524	0.764

	成分			
	1	2	3	4
财政教育支出占GDP比重X_{24}	0.951	−0.065	0.199	0.103
单位面积公共车辆运营数X_{25}	−0.845	−0.05	0.399	0.063
居民对政府改善生态环境的支持率X_{26}	0.888	0.376	0.012	0.003
居民对生态环境的满意度X_{27}	−0.996	0.05	−0.005	−0.015
生态环保法X_{28}	0.993	−0.011	−0.056	−0.064
生态气象观测站X_{29}	0.882	0.354	−0.001	0.024
市民购物携带环保袋率X_{30}	0.99	0.025	−0.05	−0.047
生态文明宣传教育普及率X_{31}	0.997	0.012	−0.001	0.011

提取方法：主成分

初始因子载荷矩阵中的各公因子虽然在众多变量上具有较高载荷，但实际含义仍不清晰。为使公因子的解释力更强，对因子载荷矩阵进行旋转，同样采用最大方差法得到因子旋转后的载荷矩阵（表4-5）。

表4-5　旋转后的载荷矩阵

	成分			
	1	2	3	4
人均EDPX_1	0.881	0.461	0.078	−0.041
万元生产总值能耗X_2	−0.962	−0.221	−0.086	0.097
万元生产总值电耗X_3	−0.954	−0.229	−0.12	0.04
万元生产总值工业废水排放量X_4	−0.951	−0.27	−0.102	0.003
万元生产总值废气排放量X_5	0.242	−0.217	0.01	−0.84
万元生产总值一般工业固体废弃物产生量X_6	−0.96	−0.22	−0.07	−0.035
第三产业占GDP比重X_7	0.449	0.528	0.08	0.354
节能环保支出占GDP比重X_8	0.868	−0.255	0.17	0.281
森林覆盖率X_9	0.892	0.25	−0.005	−0.118
建成区绿化覆盖率X_{10}	0.966	−0.15	0.011	−0.113

	成分			
	1	2	3	4
自然保护区X_{11}	0.91	0.386	0.1	0.052
清洁能源占能源消费总量占比X_{12}	0.083	0.727	0.613	0.177
空气质量优良率X_{13}	0.582	0.773	0.191	−0.102
年平均降水量X_{14}	0.963	0.087	0.019	−0.056
年日照时数X_{15}	0.987	−0.001	0.013	−0.002
年平均相对湿度X_{16}	0.925	0.365	0.086	0.03
城市污水处理率X_{17}	0.882	0.455	0.075	0.044
生活垃圾无害化处理率X_{18}	0.843	0.521	0.063	0.038
城镇化率X_{19}	0.966	0.245	0.068	−0.022
城镇住户人均年可支配收入X_{20}	−0.661	−0.703	−0.08	−0.013
农村住户人均年可支配收入X_{21}	0.065	0.77	−0.136	0.086
人口密度X_{22}	0.193	−0.586	−0.095	0.589
人口自然增长率X_{23}	0.1	0.017	0.964	−0.077
财政教育支出占GDP比重X_{24}	0.882	0.302	0.279	−0.108
单位面积公共车辆运营数X_{25}	−0.816	−0.269	0.183	−0.329
居民对政府改善生态环境的支持率X_{26}	0.962	−0.074	−0.013	−0.007
居民对生态环境的满意度X_{27}	−0.929	−0.344	−0.113	−0.018
生态环保法X_{28}	0.939	0.335	0.008	0.032
生态气象观测站X_{29}	0.948	−0.061	0.004	0.015
市民购物携带环保袋率X_{30}	0.947	0.295	0.015	0.034
生态文明宣传教育普及率X_{31}	0.949	0.289	0.091	0.02

　　从旋转的因子载荷矩阵可知，指标 X_1、X_2、X_3、X_4、X_6、X_8、X_9、X_{10}、X_{11}、X_{14}、X_{15}、X_{16}、X_{17}、X_{18}、X_{19}、X_{24}、X_{25}、X_{26}、X_{27}、X_{28}、X_{29}、X_{30}、X_{31} 在第一因子（Z_1）上有较高载荷，说明第一因子基本反映了这些指标的信息，结合相对应的含义，其体现了生态经济、生态文化和生态制度的影响，该值

越高，说明生态文明建设越好。X_{12}、X_{13}、X_{20} 和 X_{21} 在第二因子（Z_2）上有较高载荷，说明第二因子基本反映了这三个指标的信息，具体反映在生态环境方面，该值越高说明生态文明建设表现越好。第三因子（Z_3）主要反映了 X_{23}，体现了人口对生态文明建设的影响。第四因子（Z_4）在 X_5、X_7 和 X_{22} 上具有较高载荷，同样反映出该方面的情况，三者综合表现出生态文明建设能力。

最后，根据回归法得到各因子得分，采用加权平均法计算出近年江西省生态文明建设的综合得分，其计算公式为：

$$Z=（Z_1*67.185\%+Z_2*15.706\%+Z_3*5.22\%+Z_4*4.794\%）/92.905\%$$

由此计算出江西省 2005—2014 年生态文明指综合得分并进行排序，如图 4-1 所示。

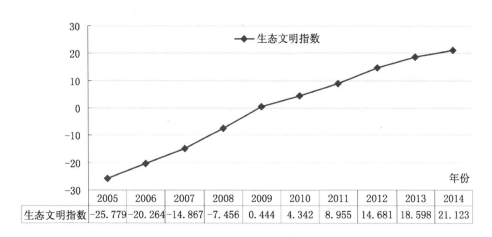

	2005	2006	2007	2008	2009	2010	2011	2012	2013	2014
生态文明指数	-25.779	-20.264	-14.867	-7.456	0.444	4.342	8.955	14.681	18.598	21.123

图 4-1　2005—2014 年江西省生态文明指数

由图 4-1 可知，2005—2014 年，江西省生态文明指数呈逐步上升趋势，2008—2009 年间增速最快，且近两年的生态文明指数处在历史最高水平。这得益于江西省对生态文明建设的重视，使得江西省生态文明指数从 2005 年的 -25.78 上升到 2014 年的 21.23。

第三节 江西省 11 个地级市生态文明建设水平评价

由于城市生态文明建设与省级区域生态文明建设存在一定的差别，为了更加契合城市生态文明建设的综合评价，本节在上节省级生态文明评价的指标体系的基础上，结合其他城市生态文明建设评价指标体系以及本省各市的数据实际获得情况，共设计了 5 个准则层 29 个具体指标。

一、指标权重的确定

指标权重确定的方法比较多，主要有主观法和客观法两类。主观赋权法客观性相对差一些，易受人为主观因素影响；客观赋权法可减轻主观因素的影响，但权重通常会随指标数据变动而发生变化，稳定性不好，有时不能充分体现指标的相对重要程度，甚至还会与指标的实际重要程度相悖，解释性较差。鉴于生态文明特点，决定采用专家调查法（德尔菲法），专家主要来自高等院校、环境科研部门和资源管理部门。首先，按照赋权要求对三大类指标分别赋予权重，其次对各分项指标分别赋予权重，最终得到如表 4-6 指标权重。

表 4-6 江西省地级市生态文明建设指标体系

目标层	准则层	指标层	符号	权重	指标属性
生态文明	生态经济 0.2	人均EDP（元）	X_1	0.031	正向指标
		万元总产值能耗（吨标煤/万元）	X_2	0.026	负向指标
		万元总产值电耗（万千瓦时/万元）	X_3	0.025	负向指标
		第三产业占比	X_4	0.028	正向指标
		万元生产总值工业废水排放量（吨/万元）	X_5	0.02	负向指标
		万元生产总值工业废气排放量（立方米/万元）	X_6	0.02	负向指标
		万元生产总值固废排放量（吨/万元）	X_7	0.02	负向指标
		废弃资源综合利用业占GDP比重	X_8	0.015	正向指标
		生态保护和环境治理业占GDP比重	X_9	0.015	正向指标

目标层	准则层	指标层	符号	权重	指标属性
生态文明	生态环境 0.3	森林覆盖率（%）	X₁₀	0.071	正向指标
		自然保护区占辖区面积比重（%）	X₁₁	0.034	正向指标
		绿地占市区面积比重（%）	X₁₂	0.041	正向指标
		人均绿地面积（平方米）	X₁₃	0.085	正向指标
		年平均降水量（（0.1mm）/△R）	X₁₄	0.024	正向指标
		年日照时数（（0.1h）/△S）	X₁₅	0.023	正向指标
		年平均相对湿度（（%）/△U）	X₁₆	0.022	正向指标
	生态社会 0.2	污水处理率（%）	X₁₇	0.029	正向指标
		生活垃圾处理率（%）	X₁₈	0.026	正向指标
		城镇化率（%）	X₁₉	0.042	正向指标
		城镇住户人均年可支配收入（元）	X₂₀	0.023	正向指标
		农村住户人均年可支配收入（元）	X₂₁	0.02	正向指标
		人口密度（人/平方公里）	X₂₂	0.033	负向指标
		人口自然增长率（0.1%）	X₂₃	0.027	负向指标
	生态文化 0.15	财政预算教育支出占GDP比重	X₂₄	0.09	正向指标
		居民对政府改善生态环境的支持率（%）	X₂₅	0.03	正向指标
		居民对生态环境的满意度（%）	X₂₆	0.03	正向指标
	生态制度 0.15	生态气象观测站（个）	X₂₇	0.05	正向指标
		市民购物携带环保袋率（%）	X₂₈	0.02	正向指标
		生态文明宣传教育普及率（%）	X₂₉	0.08	正向指标

二、指标数据的标准化

由于各指标含义不同，量纲也不统一，因而无法对各指标得分直接进行加权汇总。因此，先对指标进行无量纲处理，以消除量纲的影响。为避免出现0等标准化极值数据，采用比值法对数据进行标准化处理。具体计算公式为：

正向指标：$X_i = \dfrac{x_i}{x_{\max}}$　　　逆向指标：$X_i = \dfrac{x_{\min}}{x_i}$

上式中，X_i 为某一指标的标准化值，x_i 为指标原始值，$x_{\max}$ 为该指标最大原始值，$x_{\min}$ 为该指标的最小原始值。

三、评价模型

根据生态文明指标体系设置和指标层次，构建如下生态文明评价模型：

$$F = \sum_{k=1}^{n} f_k (\sum_{j=1}^{i} \alpha_{ij} X_{ij})$$

上式中，F 为生态文明综合评价指数，F 越大说明生态文明竞争力越强。f_k 为一级准则层指标（生态经济、生态环境、生态社会、生态文化和生态制度）的权重。a_{ij} 为第 i 个一级指标中第 j 个二级指标的权重，X_{ij} 为第 i 个一级指标中第 j 个二级指标的标准化值。

根据该模型，可计算出某一年度不同区域生态文明建设综合评价指数，可用于同一年度不同区域之间的横向比较，也可用于系列年份不同区域之间的横纵向比较，从中发现区域差异和存在的问题。

四、生态文明实证评价

对各指标数据进行标准化处理后，得到标准化数据，并根据专家调查法得到的指标权重和竞争力评价模型，对各指标得分情况进行线性相加，最终得到 2008—2014 年江西省 11 个地级市生态文明建设五大准则层指数图（图 4-2—图 4-8 ）。

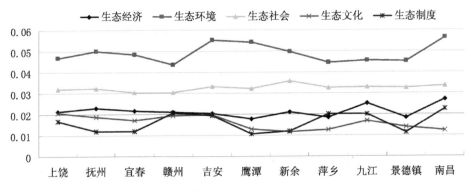

图 4-2　2008 年江西省 11 地级市生态文明建设五大准则层指数

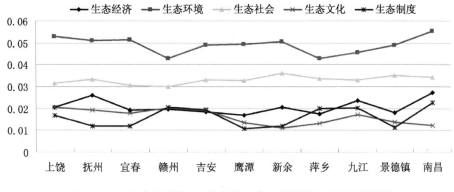

图 4-3　2009 年江西省 11 地级市生态文明建设五大准则层指数

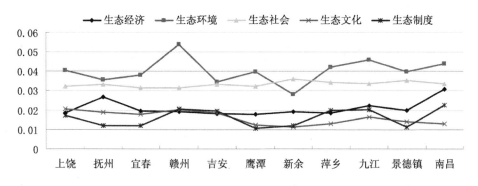

图 4-4　2010 年江西省 11 地级市生态文明建设五大准则层指数

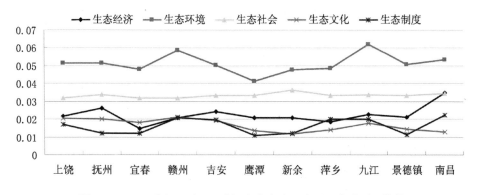

图 4-5　2011 年江西省 11 地级市生态文明建设五大准则层指数

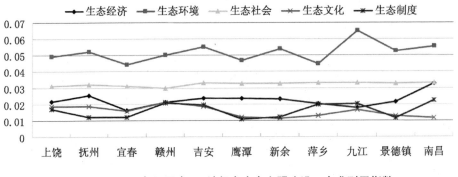

图 4-6 2012 年江西省 11 地级市生态文明建设五大准则层指数

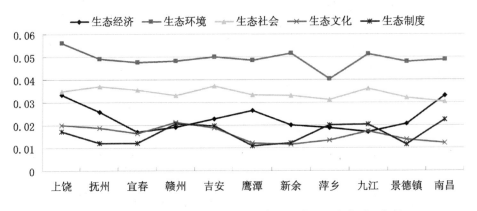

图 4-7 2013 年江西省 11 地级市生态文明建设五大准则层指数

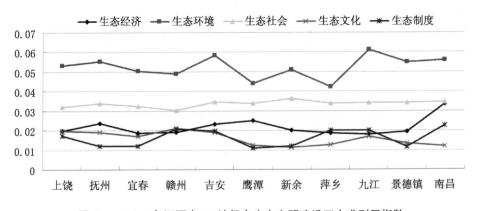

图 4-8 2014 年江西省 11 地级市生态文明建设五大准则层指数

　　可见，在 2008—2014 年期间，上饶、吉安和南昌生态经济、生态环境、生态社会和生态制度的发展相对靠前，也比较稳定，但是南昌的生态文化发展相对滞后；抚州、宜春、鹰潭、新余和景德镇的得分相对较低；赣州和九江得分波动较大，萍乡总体发展比较稳定，排位居中。总体而言，在五大准则层中，生态环境的得分远高于其他四大指标，得分排名分别为：生态环境、生态社会、生态经济、生态文化和生态制度，其中，上饶、抚州、宜春、赣州、景德镇和鹰潭的生态文化得分高于生态制度得分，而吉安、新余、萍乡、九江和南昌的生态文化得分却低于生态制度得分。

　　同时，根据五大准则层指数可获得 2008—2014 年江西省 11 个地级市生态文明建设综合评价指数趋势图（总分为 1，见图 4-9）。由图可以看出，近些年江西省 11 个地市的生态文明建设综合得分呈增长趋势，说明其发展越来越好，但是在 2010 年出现巨大回落，总体发展相对滞后，特别是新余。

　　根据 2008—2014 年江西省各地级市生态文明综合得分可以得出他们的排名表（表 4-7）。在 2008 年，11 地级市生态文明综合得分排名依次是：南昌、吉安、九江、上饶、抚州、赣州、新余、宜春、萍乡、鹰潭和景德镇。相对于上一年，2009 年南昌、萍乡及赣州的排名没有变化，宜春和景德镇排名上升 1 位，上饶和抚州上升 2 位，鹰潭和新余下降 1 位，吉安下降 3 位；2010 年九江和鹰潭上升 1 位，景德镇上升 2 位，萍乡上升 4 位，赣州上升 5 位，南昌下降 1 位，上饶、宜春和吉安下降 2 位，抚州和新余下降 3 位；2011 年景德镇排名无变化，南昌、抚州和九江上升 1 位，新余上升 2 位，吉安上升 3 位，宜春和鹰潭下降 1 位，上饶、赣州和萍乡下降 2 位；2012 年上饶、抚州、九江、景德镇和南昌排名没有变化，吉安和鹰潭上升 1 位，新余上升 2 位，宜春和赣州下降 1 位，萍乡下降 2 位；2013 年变化最大，抚州和赣州下降 1 位，新余、萍乡、景德镇和南昌下降 2 位，鹰潭下降 3 位，九江下降 4 位，吉安上升 1 位，宜春上升 3 位，上饶上升 5 位；2014 年抚州和吉安排名没有变化，宜春和赣州下降 1 位，上饶和鹰潭下降 4 位，新余和萍乡上升 1 位，南昌上升 2 位，九江和景德镇上升 3 位。相对于 2008 年，2014 年南昌仍处于第 1 位，吉安第 2，九江第 3，赣州第 6，上饶、宜春、鹰潭、新余和萍乡均下降 1 位，抚州上升 1 位，景德镇上升 4 位。

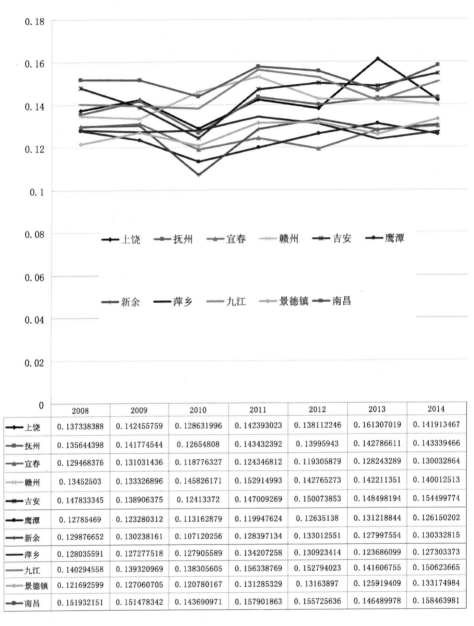

	2008	2009	2010	2011	2012	2013	2014
上饶	0.137338388	0.142455759	0.128631996	0.142393023	0.138112246	0.161307019	0.141913467
抚州	0.135644398	0.141774544	0.12654808	0.143432392	0.13995943	0.142786611	0.143339466
宜春	0.129468376	0.131031436	0.118776327	0.124346812	0.119305879	0.128243289	0.130032864
赣州	0.13452503	0.133326896	0.145826171	0.152914993	0.142765273	0.142211351	0.140012513
吉安	0.147833345	0.138906375	0.12413372	0.147009269	0.150073853	0.148498194	0.154499774
鹰潭	0.12785469	0.123280312	0.113162879	0.119947624	0.12635138	0.131218844	0.126150202
新余	0.129876652	0.130238161	0.107120256	0.128397134	0.133012551	0.127997554	0.130332815
萍乡	0.128035591	0.127277518	0.127905589	0.134207258	0.130923414	0.123686099	0.127303373
九江	0.140294558	0.139320969	0.138305605	0.156338769	0.152794023	0.141606755	0.150623665
景德镇	0.121692599	0.127060705	0.120780167	0.131285329	0.13163897	0.125919409	0.133174984
南昌	0.151932151	0.151478342	0.143690971	0.157901863	0.155725636	0.146489978	0.158463981

图 4-9　2008—2014 年江西省各地级市生态文明综合得分

表 4-7　2008—2014 年江西省 11 地市生态文明综合得分排名及变化表

排名	2008年	2009年		2010年		2011年		2012年		2013年		2014年		
		排名	排序变化	排名	排序变化	排名	排序变化	排名	排序变化	排名	排序变化	排名	排序变化	相对2008年变化
上饶	4	2	↑2	4	↓2	6	↓2	6	0	1	↑5	5	↓4	↓1
抚州	5	3	↑2	6	↓3	5	↑1	5	0	4	↓1	4	0	↑1
宜春	8	7	↑1	9	↓2	10	↓1	11	↓1	8	↑3	9	↓1	↓1
赣州	6	6	0	1	↑5	3	↓2	4	↓1	5	↓1	6	↓1	0
吉安	2	5	↓3	7	↓2	4	↑3	3	↑1	2	↑1	2	0	0
鹰潭	10	11	↓1	10	↑1	11	↓1	10	↑1	7	↓3	11	↓4	↓1
新余	7	8	↓1	11	↓3	9	↑2	7	↑2	9	↓2	8	↑1	↓1
萍乡	9	9	0	5	↑4	7	↓2	9	↓2	11	↓2	10	↓1	↓1
九江	3	4	↓1	3	↑1	2	↑1	2	0	6	↓4	3	↑3	0
景德镇	11	10	↑1	8	↑2	8	0	8	0	10	↓2	7	↑3	↑4
南昌	1	1	0	2	↓1	1	↑1	1	0	3	↓2	1	↑2	0

同样，针对近年江西省各地市生态文明综合指数得分情况可以计算出其增长率（表4-8），这也可看出，在2010年，11地市生态文明建设格局出现了巨大扭转，得分增长率几乎都为负数，且变化的绝对数相对较大。总体而言，相对于2008年，2014年除鹰潭和萍乡生态文明综合得分增长率为负，生态文明建设水平降低了以外，其他9个地市生态文明建设均有所提高，其增长幅度从大到小依次是：景德镇、九江、抚州、吉安、南昌、赣州、上饶、宜春、新余。

表4-8　2009—2014年江西省11地市生态文明综合得分增长率

	2009/2008	2010/2009	2011/2010	2012/2011	2013/2012	2014/2013	2014/2008
上饶	3.73	−9.70	10.70	−3.01	16.79	−12.02	3.33
抚州	4.52	−10.74	13.34	−2.42	2.02	0.39	5.67
宜春	1.21	−9.35	4.69	−4.05	7.49	1.40	0.44
赣州	−0.89	9.37	4.86	−6.64	−0.39	−1.55	4.08
吉安	−6.04	−10.63	18.43	2.08	−1.05	4.04	4.51
鹰潭	−3.58	−8.21	6.00	5.34	3.85	−3.86	−1.33
新余	0.28	−17.75	19.86	3.59	−3.77	1.82	0.35
萍乡	−0.59	0.49	4.93	−2.45	−5.53	2.92	−0.57
九江	−0.69	−0.73	13.04	−2.27	−7.32	6.37	7.36
景德镇	4.41	−4.94	8.70	0.27	−4.34	5.76	9.44
南昌	−0.30	−5.14	9.89	−1.38	−5.93	8.17	4.30

五、评价结果

　　参照 11 地级市生态文明综合得分增长率，结合生态文明指数模型计算的各地级市的生态文明建设水平，可以得到 2008—2014 年江西省 11 个地级市的生态文明建设水平梯队，如图 4-10 所示。

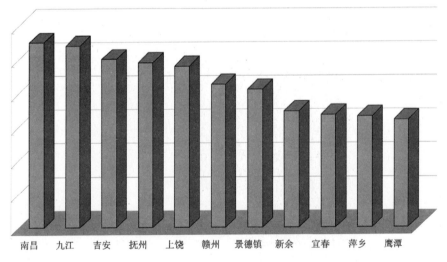

图 4-10　江西省各地市生态文明建设水平梯队

可见，南昌市、九江市生态文明综合建设水平最高，其生态环境及生态社会的发展在全省名列前茅，但是南昌的生态文化发展及九江的生态经济发展有提升的空间，吉安、抚州和上饶生态文明建设水平相对较高，其生态经济、生态环境和生态社会发展相对比较稳定靠前，但是吉安的生态文化发展、上饶的生态社会和抚州的生态制度有较高的提升空间，这五个地区属于江西省生态文明建设第一梯队；赣州和景德镇生态文明建设水平比较稳定，其各项生态指标发展相对均衡，但是赣州的生态社会发展和景德镇的生态文化及制度发展有进一步提升的空间；新余、宜春这几年生态环境和生态社会的得分逐年提高，但生态经济和生态文化、生态制度还需要进一步发展；赣州、景德镇、新余、宜春属于江西省生态文明建设第二梯队；萍乡和鹰潭的各项生态水平发展均有很大的提升空间，特别是鹰潭的生态文化及生态制度、萍乡的生态环境及生态社会发展，属于江西省生态文明建设第三梯队。

第四节　江西省新型城镇化发展质量综合评价

党的十八大确定了我国的新型城镇化战略，提出我国新型城镇化的战略重点是："坚持走中国特色新型工业化、信息化、城镇化、农业现代化道路，推动信息化和工业化深度融合、工业化和城镇化良性互动、城镇化和农业现代化相互协调，促进工业化、信息化、城镇化、农业现代化同步发展。""加快实施主体功能区战略，推动各地区严格按照主体功能定位发展，构建科学合理的城市化格局、农业发展格局、生态安全格局。"推进新型城镇化战略，必须构建"科学合理的城市化格局"，使大中小城市、小城镇形成有机的网络体系，从而推进大行政区域内、经济区域内的城乡一体、产城互动、节约集约、生态宜居、和谐发展。与以往的城镇化道路相比，其"新"的要义就是按照生态文明的原则来进行城市、区域的产业布局、空间布局，充分考虑生态的承载能力，在城镇化的进程中实现生态文明的建设任务，在生态文明的建设中提升城镇化的质量与现代化的整体水准，从而探索出具有中国特色的城市与区域协同发展、城镇与乡村互动进步的现代化之路。

江西省的城镇化水平总体在不断提高，全省人口城镇化水平由1980年的18.79%增长到2014年的50.22%。然而与全国特别是相邻的中部省份相比，江西的城镇化程度仍有一定差距。《江西省新型城镇化规划（2014—2020）》提出，到2020年，江西省常住人口城镇化率力争接近或达到60%的目标，这表明江西省即将加速推进新型城镇化的建设。江西省人民政府于2013年7月出台《2013年净空净水净土行动方案》，要求进一步防治全省空气、水和土壤污染，深入实施"三净"方案，着力打造和谐秀美江西，资源及环境的保护是首要工作。城镇化发展与资源环境的保护之间的矛盾相伴而生，要加以重视。

2015年4月，国务院批复同意《长江中游城市群发展规划》（以下简称《规划》），长江中游城市群建设上升到国家战略层面，《规划》提出了中西部新型城镇化先行区、"两型"社会建设引领区的战略定位，强化了"武汉、长沙、南昌"三大中心城市的地位，这对于促进中部全面崛起、开拓新型城镇化道路、加强区域一体化发展具有重大意义。《规划》表明中部地区将成为未来加快新型城镇化建设的主战场，这给作为三大中心城市之一的江西省带来了新的发展机遇，同时也给省内新型城镇化的建设带来新的动力和挑战。资源和环境是影响城镇化发展速度和规模的主导因素，也是城镇化发展质量的决定性因素，江西省的资源环境存在一定的优势与劣势，它与城镇化发展互相影响、相互制约。江西省正处于城镇化的加速发展阶段，而目前粗放低效的城镇化发展模式给其可持续发展之路挂上了一把"枷锁"，要打破枷锁，需要协调好江西省城镇化发展与资源环境之间的关系，谋求二者共同走向良性可持续发展的道路，建设和谐美丽江西。

因此，如何在发挥资源环境优势，促进江西省新型城镇化加速发展的同时保护好资源环境，协调好新型城镇化发展与资源环境的关系，是江西生态文明建设的一个重要课题。新型城镇化发展的质量直接关系到江西生态文明建设的水平，也是"秀美江西"生态文明建设的一个重要抓手。

我们根据新型城镇化发展的内涵和特征，构建了包括经济发展、人口发展、社会建设、城乡统筹、资源环境五大系统的综合评价指标体系，通过熵权法进行权重赋值，对江西省及 11 个地级市的新型城镇化发展质量进行综合评价，以找出影响新型城镇化健康发展的因素。

一、综合评价指标体系构建

城镇化是一个宏观而复杂的概念，涉及和涵盖的内容非常广泛。采用城镇人口比重法测量城镇化率，难以全面反映城镇化发展的质量和水平，因此本书采用多指标的综合评价方法构建城镇化发展质量综合指数，全面反映新型城镇化的发展质量。新型城镇化更加注重内涵与质量，不同于传统城镇化快速发展形成的粗放性、外延性、不可持续性等特点，新型城镇化还应该包括资源环境及城乡一体化的发展质量。因此，本书从经济发展、人口发展、社会建设、城乡统筹、资源环境五个方面构建江西省新型城镇化发展质量评价指标体系。

借鉴已有的综合评价指标体系研究成果，结合新型城镇化的内涵和特征，依据科学性、综合性、代表性、可操作性等指标选取原则，从经济发展、人口发展、社会建设、城乡统筹、资源环境五个系统对江西省新型城镇化相关评价指标进行选取和整理，具体情况如表 4-9。

表 4-9　江西省新型城镇化质量综合评价指标

目标层	系统层	指标层	指标符号	指标性质
新型城镇化综合评价	经济发展	地区人均生产总值	X_1	正向指标
		第二三产业产值比重	X_2	正向指标
		人均地方财政收入	X_3	正向指标
		城镇居民人均可支配收入	X_4	正向指标
	人口发展	城镇人口比重	X_5	正向指标
		二三产业就业人员占就业人员的比重	X_6	正向指标
		城市市辖区人口密度	X_7	正向指标
		城镇就业人口占比	X_8	正向指标

目标层	系统层	指标层	指标符号	指标性质
新型城镇化综合评价	社会建设	城市每万人拥有公共汽车数	X_9	正向指标
		每千人口拥有医生数量	X_{10}	正向指标
		教育经费占公共财政支出比重	X_{11}	正向指标
		城市人均道路面积	X_{12}	正向指标
		每百人公共图书馆藏书量	X_{13}	正向指标
		科学技术支出占公共财政支出比重	X_{14}	正向指标
	城乡统筹	农村–城镇人均可支配收入比	X_{15}	正向指标
		农村–城镇人均生活消费支出比	X_{16}	正向指标
		农村人均农林渔牧产值	X_{17}	正向指标
	资源环境	建成区绿化覆盖率	X_{18}	正向指标
		城市每千人均绿地面积	X_{19}	正向指标
		工业固体废弃物综合利用率	X_{20}	正向指标
		万元GDP工业废水排放量	X_{21}	负向指标
		万元GDP二氧化硫排放量	X_{22}	负向指标
		万元工业增加值用水量	X_{23}	负向指标

1.经济发展指标

城镇化的发展离不开经济的推动，经济发展水平能有效地反映地区的城镇化水平。新型城镇化要求经济由粗放型发展转为集约高效型发展，所以本研究选取四个经济指标反映江西省的经济及产业发展水平，包括：地区人均生产总值、第二三产业产值比重、人均地方财政收入、城镇居民人均可支配收入。

其中，地区人均生产总值 = 地区生产总值 / 总人口数。该指标用于反映该地区人口创造财富的水平。

第二三产业产值比重 = 第二三产业产值 / 地区生产总值。该指标用于反映江西省工业的结构组成，观察其是否脱离以农业为主的发展模式。城镇化是由工业化推动发展，城镇化的同时二三产业也在不断聚集发展，因此指标比重值越高，反映的经济水平越发达，结构更加合理。

人均地方财政收入＝地方财政年度收入／常住人口数。它是衡量该地区政府财力的重要指标。

城镇居民人均可支配收入＝（家庭总收入—交纳的所得税—个人交纳的社会保障支出—记账补贴）／家庭人口。城镇居民可支配收入是指城镇居民的实际收入中能用于安排日常生活的收入，它是用以衡量城市居民收入水平和生活水平的最重要和最常用的指标，因此它一般与该地区的城镇化质量及水平成正比。

2. 人口发展指标

人口城镇化是城镇化的重要组成部分。所谓人口城镇化，是指人口向城镇集中或乡村地区转变为城镇地区，从而变乡村人口为城镇人口，使城镇人口比重不断上升的过程，是城市生活方式全面普及的一种状态。因此，选取 4 个代表人口发展的指标，用于衡量人口向城镇集中的程度，具体包括：城镇人口比重、城市市辖区人口密度（人／平方公里）、城镇就业人口占比、二三产业就业人员占就业人员的比重。

其中，有 1 个规模类指标，即城市市辖区人口密度（人／平方公里）；3 个结构类指标，即城镇人口比重、城镇就业人口占比、二三产业就业人员占就业人员的比重。其中，城市市辖区人口密度（人／平方公里）与城镇人口比重分别从规模和结构角度衡量人口城镇化水平；城镇就业人口占比、二三产业就业人员占就业人员的比重分别从城镇人口的就业规模与就业结构两个角度来衡量人口城镇化的进程，相关数据均可从《中国统计年鉴》等统计年鉴直接查询或简单地加总计算得到。

3. 社会建设指标

社会建设是关系居民基本生活质量和共同利益的公共事业，也是城镇化发展的基础，反映居民在城镇生活的质量，在一定程度上代表着城镇的承载能力。社会建设涉及面多而广，考虑到数据的可获得性，本书从城镇居民的交通、教育、医疗、文化、科技等方面选取指标，力求全面准确地反映城镇化的综合质量。一共选取 6 个指标，分别是：城市每万人拥有公共汽车数、每千人口拥有医生数量、教育经费占公共财政支出比重、城市人均道路面积、每百人公共图书馆藏书量、科学技术支出占公共财政支出比重。

其中，城市人均道路面积和城市每万人拥有公共汽车数反映的是该地区交通情况，通常情况下，二者指标数值越大，说明城镇化发展水平越高；教育经费占公共财政支出比重则反映该地区的教育情况，它与城镇化发展质量一般成正比；每千人口拥有医生数量则是从软件角度衡量该地区的医疗发展水平，每百人公共图书馆藏书量则反映该地区文化建设的水平；科学技术支出占公共财政支出比重越高，代表该地区在科技建设方面投入越多。

4. 城乡统筹指标

城乡统筹是指统筹城乡发展，将城镇公共服务逐渐向农村覆盖，使城乡居民生活水平差距缩小，农村居民能够享受到平等、公平的社会保障和公共服务。在新型城镇化中实现城乡一体是重要的一部分，目的是打破城乡二元结构为主的现状，解决广大农村人口收入低、生活条件差的问题。因此，本书在城乡统筹层面要选取能够反映城乡居民生活水平差距的指标，共选取 3 个指标：农村 – 城镇人均可支配收入比、农村 – 城镇人均生活消费支出比、农村人均农林渔牧产值。

其中，农村 – 城镇居民人均可支配收入比 = 农村居民人均可支配收入 / 城镇居民人均可支配收入。它用来测算城乡居民收入差距，是反映城乡收入差距的重要指标。一般情况下，农村和城镇居民人均可支配收入比为 67% 左右。数值越低，说明城乡差距越大，城乡矛盾越突出。

农村 – 城镇人均生活消费支出比 = 农村居民人均生活消费支出 / 城镇居民人均生活消费支出。它用来测算城乡居民消费差距，是反映城乡消费差距的重要指标。一般情况下，数值越低，说明城乡差距越大，城乡矛盾越突出。

农村人均农林渔牧产值反映农村人均农业生产收入。

5. 资源环境指标

资源环境是人类赖以生存和发展的基础。传统的城镇化往往只注重规模用地的扩大，忽略对环境的保护，造成自然生态环境被破坏的状况，引起雾霾、饮用水、地下水被污染等严重的环境问题。新型城镇化要求加强环境方面的保护，将生态文明建设纳入城市发展时需要重点考虑的范围。本书从城市绿化水平、污染程度等方面考虑，主要选取 6 个指标：建成区绿化覆盖率、城市每千人均绿地面积、工业固体废弃物综合利用率、万元 GDP 废水排放量、万元 GDP 二氧化硫排放量、万元工业增加值用水量。

其中，建成区绿化覆盖率指城镇建成区绿地面积与城镇建成区土地面积的比重。城镇建成区绿地面积指城镇建成区中用作园林和绿化的各种绿地面积，包括公园绿地、生产绿地、防护绿地、附属绿地和其他绿地的面积。建成区绿化覆盖率是从宏观角度反映该地区的绿化程度，城市每千人均绿地面积则从微观角度衡量该地区人均享有绿地面积的具体情况。

工业固体废弃物综合利用率反映了工业产生的固体废弃物的回收利用状况。

万元 GDP 废水排放量指某地区每形成一万元国内生产总值（GDP）所排放的废水量。该指标反映该地区工业废水污染程度。

万元 GDP 二氧化硫排放量指某地区每创造一万元国内生产总值（GDP）所排放的二氧化硫量。该指标反映该地区空气中二氧化硫污染程度。

万元工业增加值用水量是指每万元的工业增加值的工业用水量。该指标反映该地区的工业用水效率，数值越低表明工业用水效率越高。

二、评价方法

本研究先采用熵值法获得江西省各个地级市的新型城镇化发展质量综合指数，之后采用聚类分析法将城镇化发展效益进行差异化分类，将较为相近的地级市归为一组，差异较大的地级市归为不同组，保障了组内地区的同质性和组间地区的异质性，便于对江西省不同地区的新型城镇化发展情况作比较与分析。

1.熵值法

新型城镇化发展质量的评价关键在于建立科学合理的评价指标体系，而指标权重的确定是获得客观评价研究结果的重要步骤，将直接影响到评价结果的精度和可信度。多指标赋权的方法有两大类：主观赋权评价法和客观赋权评价法。常用的指标赋权评价法有专家打分法、主成分分析法、层次分析法、熵值法（AHP）、变异系数法等。其中，专家打分法、层次分析法、主成分分析法为主观赋权法，很大程度上依赖于人的经验和主观判断，无法排除个人对于某个要素的偏好，因此主观影响因素大。熵值法和变异系数法能较为客观地反映各个指标的权重，避免人为因素对指标赋权产生的影响。

熵是物理学中的热力学用于反映系统的混乱程度，可以对其进行测量，现已用于多个领域的研究。熵值法计算指标权重主要是根据各指标的信息量来决定的。我们可以根据熵值的大小来区别指标的随机性和离散的程度，离散的水平越高，则代表这个指标对于整个评价方法越有用。熵值法适用对多元指标进行综合评价，能够解决多指标的互相干扰和人为确定权重的主观性。通过标准化处理后，逐步确定第 i 个城市、j 项指标值的权重，最后通过权重计算所有城市的城镇化发展水平综合得分。

$$F_i = \sum_{j=1}^{n} w_i p_{ij}$$

计算出指标权重后，则可以计算经济发展、人口发展、社会建设、城乡统筹、资源环境五个维度相应的评价指数，每个维度得到的评价指数得分之和即为该城市新型城镇化发展水平的综合得分。

2.聚类分析

聚类分析又称群分析，是对指标进行分类的分析方法。分析的对象是大量的样品，按照个体或样品的特征将它们合理地分类，使同一类别内的个体具有尽可能高的同质性，而不同类别则表现为高异质性。

聚类分析按照对样本个体或观测变量进行聚类，可以分为 Q 型聚类分析或 R 型聚类分析两种方法；另外，如果按照方法的原理进行区分则可以将其分为系统或层次聚类分析和非层次聚类分析两类方法。本研究主要是基于新型城镇化发展质量的综合指数对不同的地级市加以分组，因此属于 Q 型聚类，且使用系统聚类分析方法对江西不同的地级市进行分组归类。聚类分析主要是根据样本之间的相似度进行归类，即把具有高相似度的样本归为一类。相似度的判定最主要的一种方法是距离法，即将 n 个样本看作 P 维空间中的一个点，依据两点之间的距离大小判定相似度，进而进行归类。

三、评价结果与分析

以江西省的 11 个地级市为例，对其 2013 年的新型城镇化质量进行评价。相关数据来源于《江西统计年鉴》《中国城市统计年鉴》《南昌统计年鉴》。

从统计年鉴收集所有数据进行标准化及偏移处理后得到无量纲的数据，如表 4-10 所示。依据标准化数据计算各个指标的熵值进而可以确定其权重，得到结果，如表 4-11 所示。

表 4-10　2013 年江西省新型城镇化指标标准化数据

	南昌市	景德镇市	萍乡市	九江市	新余市	鹰潭市	赣州市	吉安市	宜春市	抚州市	上饶市
X_1	1.84	1.42	1.43	1.26	2.00	1.54	1.00	1.06	1.10	1.07	1.02
X_2	2.00	1.77	1.82	1.73	1.90	1.74	1.10	1.00	1.17	1.01	1.21
X_3	1.67	1.46	1.46	1.29	2.00	1.70	1.00	1.06	1.14	1.07	1.06
X_4	2.00	1.61	1.52	1.35	1.75	1.27	1.00	1.31	1.05	1.05	1.29
X_5	2.00	1.69	1.77	1.21	1.88	1.39	1.03	1.05	1.00	1.01	1.10
X_6	2.00	1.75	1.95	1.60	1.35	1.45	1.44	1.00	1.38	1.18	1.62
X_7	2.00	1.29	1.17	1.29	1.03	1.56	1.36	1.00	1.01	1.06	1.30
X_8	2.00	1.72	1.28	1.80	1.69	1.98	1.00	1.46	1.50	1.65	1.02
X_9	2.00	1.45	1.15	1.30	1.25	1.33	1.40	1.19	1.04	1.00	1.29
X_{10}	2.00	1.51	1.95	1.56	1.93	1.87	1.00	1.22	1.13	1.00	1.30
X_{11}	1.36	1.03	1.19	1.55	1.03	1.00	1.76	1.82	1.64	1.73	2.00

	南昌市	景德镇市	萍乡市	九江市	新余市	鹰潭市	赣州市	吉安市	宜春市	抚州市	上饶市
X_{12}	1.52	1.64	1.05	2.00	1.33	1.36	1.50	1.36	1.00	1.12	1.99
X_{13}	2.00	1.38	1.35	1.27	1.42	1.18	1.20	1.51	1.07	1.21	1.00
X_{14}	1.44	1.05	1.73	1.30	1.73	1.86	1.14	2.00	1.36	1.23	1.00
X_{15}	1.67	1.69	2.00	1.55	1.88	1.85	1.00	1.38	1.80	1.79	1.36
X_{16}	1.00	1.50	1.74	1.61	1.82	1.90	1.02	1.35	2.00	1.53	1.31
X_{17}	1.80	1.35	1.25	1.00	2.00	1.39	1.01	1.33	1.26	1.41	1.00
X_{18}	1.20	1.70	1.09	1.73	1.66	1.10	1.00	2.00	1.24	1.56	1.49
X_{19}	1.51	1.79	1.24	1.36	2.00	1.32	1.07	1.09	1.12	1.20	1.00
X_{20}	1.98	1.97	1.95	1.36	1.91	1.91	1.80	1.97	2.00	1.86	1.00
X_{21}	1.96	1.00	2.00	1.39	1.47	1.67	1.47	1.91	1.72	1.87	1.93
X_{22}	2.00	1.71	1.00	1.54	1.44	1.78	1.81	1.81	1.61	1.91	1.88
X_{23}	1.98	1.97	1.95	1.63	1.95	1.96	1.98	1.75	1.00	2.00	1.96

表 4-11   江西省新型城镇化质量评价指标权重表

目标层	系统层（权重）	指标层	熵值	权重
新型城镇化综合评价指标	经济发展（0.208）	地区人均生产总值	0.988	0.054
		第二三产业产值比重	0.987	0.061
		人均地方财政收入	0.989	0.050
		城镇居民人均可支配收入	0.991	0.043
	人口发展（0.190）	城镇人口比重	0.985	0.067
		二三产业就业人员占就业人员的比重	0.992	0.035
		城市市辖区人口密度（人/平方公里）	0.991	0.043
		城镇就业人口占比	0.990	0.045
	社会建设（0.276）	城市每万人拥有公共汽车数	0.993	0.034
		每千人口拥有医生数量	0.987	0.060
		教育经费占公共财政支出比重	0.988	0.053
		城市人均道路面积	0.990	0.047
		每百人公共图书馆藏书量	0.993	0.034
		科学技术支出占公共财政支出比重	0.989	0.048

目标层	系统层（权重）	指标层	熵值	权重
新型城镇化综合评价指标	城乡统筹（0.119）	农村–城镇人均可支配收入比	0.994	0.030
		农村–城镇人均生活消费支出比	0.991	0.043
		农村人均农林渔牧产值	0.990	0.046
	资源环境（0.207）	建成区绿化覆盖率	0.990	0.045
		城市每千人均绿地面积	0.990	0.046
		工业固体废弃物综合利用率	0.993	0.031
		万元GDP工业废水排放量	0.993	0.032
		万元GDP二氧化硫排放量	0.994	0.026
		万元工业增加值用水量	0.994	0.027

根据上述计算步骤，对江西省 2013 年 11 个地级市 5 个子系统 23 个指标的数据进行相关处理，为使结果易于观察对比，将所有得分乘以 100 得出各地市新型城镇化质量综合得分、各子系统得分及排序，详见表 4-12。

表 4-12　2013 年江西省新型城镇化发展质量得分及排序

	新型城镇化质量		经济发展		人口发展		社会建设		城乡统筹		资源环境	
	得分	排序	得分	排序	得分	排序	得分	排序	得分	排序	得分	排序
南昌	11.09	1	2.54	2	2.45	1	3.00	1	1.09	6	2.01	4
景德镇	9.56	4	2.12	4	1.96	2	2.36	8	1.08	7	2.03	3
萍乡市	9.45	5	2.12	5	1.89	4	2.53	7	1.17	4	1.75	9
九江市	9.11	6	1.92	6	1.74	6	2.67	3	0.98	9	1.81	7
新余市	10.58	2	2.60	1	1.88	5	2.59	4	1.40	1	2.11	1
鹰潭市	9.68	3	2.14	3	1.92	3	2.56	5	1.22	2	1.83	6
赣州市	7.59	11	1.39	11	1.44	9	2.34	9	0.74	11	1.68	11
吉安市	8.57	7	1.49	9	1.36	11	2.69	2	0.99	8	2.04	2
宜春市	7.99	10	1.52	8	1.44	10	2.15	11	1.20	3	1.68	10
抚州市	8.14	9	1.43	10	1.45	8	2.16	10	1.12	5	1.98	5
上饶市	8.23	8	1.55	7	1.49	7	2.56	6	0.87	10	1.76	8

　　从上表中江西省 11 个地级市新型城镇化发展质量的得分、排序情况，可以得出江西各地区发展存在明显差异，总体表现为南高北低，赣北地区由于省会城市带动，其发展水平高于赣南地区；并且江西省 11 个地级市的五个系统发展不均衡。例如，南昌在人口发展、社会建设系统得分处于领先，但在城乡统筹和社会建设系统的得分则不甚理想；吉安在资源环境系统的得分较高，但在经济发展和社会建设等系统的得分则较低，人口发展得分处于末位。

　　由江西省新型城镇化发展质量综合指数的评价树可以看出，2013 年江西省各市新型城镇化的发展水平可以分为三类：高水平的第一类有南昌与新余两个市；一般水平的第二类包括景德镇、鹰潭、萍乡、九江四个市；低水平的第三类包括上饶、吉安、宜春、抚州、赣州五个市。

　　下面依据各系统具体的指标数值，分别从经济发展、人口发展、社会建设、城乡统筹、资源环境五个方面来评价江西省各地市的新型城镇化发展质量。

　　1. 经济发展

　　经济发展方面，总体来看，2013 年江西省 11 个地级市的经济发展不均衡，呈现阶梯式分布（图 4-11）。其中新余、南昌在 11 个地级市中得分较高，达

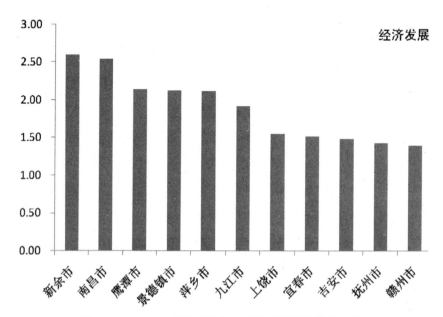

图 4-11　2013 年江西省各地市经济发展质量得分与排序

到 2.5 以上，构成第一阶梯；景德镇、鹰潭、萍乡、九江四市得分在 2 左右，构成第二阶梯；上饶、宜春、吉安、抚州、赣州五市得分均小于 2，构成第三阶梯，需要加强经济建设以推动经济发展。

从经济系统的各个指标上分析，赣州市在地区人均国内生产总值、人均地方财政收入和城镇居民人均可支配收入这三个指标数值都较低，居于江西省 11 个地级市的末位；第二三产业产值比重也偏低，说明赣州市经济发展水平较低，速度较慢，产业发展落后，产业结构不合理，经济发展动力还有待发掘，这样对当地的新型城镇化发展会产生一定的阻力。新余市经济发展得分最高，得益于本身作为"新兴工业城市"的优势，以钢铁、新能源、新材料三大支柱产业为支撑的工业体系为新余市的经济发展做出了较大贡献。

2. 人口发展

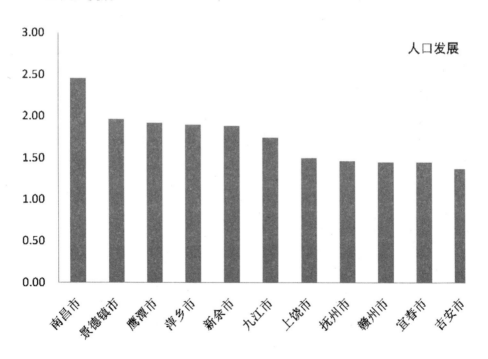

图 4-12　2013 年江西省各地市人口发展质量得分与排序

人口发展方面，由图 4-12 可知，2013 年，南昌市的人口发展得分遥遥领先，达到 2.45，这表明南昌的城镇人口发展已进入较为完善的阶段，推进新型城镇化应以加强公共服务体系建设、提高居民生活质量以及优化城市生态环境为主要目标；其次为景德镇、鹰潭、萍乡、新余、九江，其人口发展得分在 2 左右，分别为 1.96、1.92、1.89、1.88、1.74，人口发展水平一般，还有提升空间，应该继续有序推进农业转移人口市民化，健全农业转移人口落户制度，保障转移人口能享受均等化的公共服务，拓宽住房保障渠道，切实解决他们的住房、就业、医疗以及随迁子女教育等问题；得分相对偏低的是上饶、抚州、赣州、宜春、吉安五市，其人口发展得分均在 1.5 左右，依次为 1.49、1.45、1.44、1.44、1.36，这些地区应该建立健全农业转移人口市民化推进机制，大力推进条件相符的农业人口落户城镇，改革产业结构，发展第二和第三产业，促进农民向非农产业转移，加强小城镇建设，改变农村落后生活方式，提高居民文明程度，从而全面提高"以人为本"的城镇化水平。

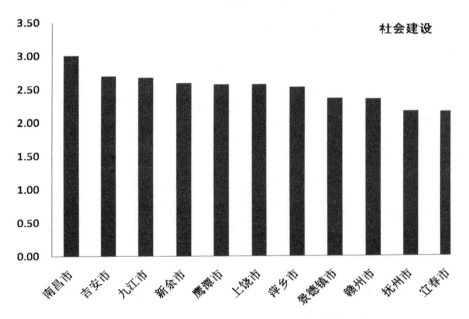

图 4-13　2013 年江西省各地市社会建设质量得分与排序

社会建设方面，由图 4-13 可知，江西省社会建设质量得分最高的是南昌市，达到了 3 分，表明南昌市在医疗、教育、交通等基础设施建设上比其他城市更加完善。得分最低的是宜春市，2.15 分，低于江西省整体水平，表明其在医疗、教育、交通等基础设施建设上还不够完善，还需进一步加强。其他城市的社会建设质量得分居于两者的中间水平。相较于国内一些发达地区，江西省 11 个地级市在新型城镇化的社会建设方面还有很大提升空间，政府应加大城市社会建设投入，完善基础设施、公共服务设施建设，在提升、优化城市功能上重点着力。

　　4.城乡统筹

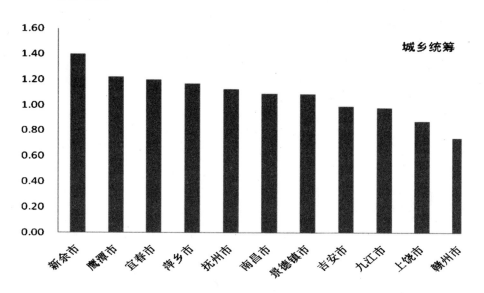

图 4-14　2013 年江西省各地市城乡统筹质量得分与排序

　　城乡统筹方面，赣州排名最后，新余市城乡统筹得分较高。从具体指标分析，赣州的农村－城镇人均可支配收入比、农村－城镇人均生活消费支出、农林渔牧产值三项指标均处于全省较低水平，说明赣州农村与城市发展不均衡状况较为严重，政府需要利用丰富的农业资源，挖掘农产品潜力，同时还可以大力发展果树种植业、畜牧业，多元化发展农村的经济，拓宽农民增加收入的渠道。江西为中部欠发达地区，多个城市农村地区存在农业基础设施薄弱、地形复杂、农业设备较为落后等缺点，导致了农村地区的落后。要破解这一难题，就必须对农业的产业结构进行合理规划，充分发挥地方优势；需要推进城镇化与农业现代化协调发展，以城镇为依托，培育和发展农业产业化龙头企业，助推农业现代化、市场化发展，引导资金、技术、人才管理等生产要素向农村合理流动。

5.资源环境

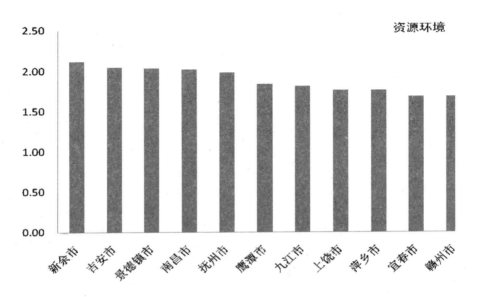

图 4-15　2013年江西省各地市资源环境质量得分与排序

资源环境方面,总体看来,江西省11个地级市资源环境质量得分相差在0.5以内，显示各地区在新型城镇化建设过程中在资源环境方面差距不大。江西生态环境质量一直处于全国上游，江西的森林覆盖率和建成区绿化覆盖率均处于领先位置，具有国家级重要湿地鄱阳湖湿地保护区，具有良好的环境资源基础条件和生态文明建设，其中新余市、吉安市、抚州市、南昌市、宜春市均入选国家森林城市，在人均绿地面积和绿化覆盖率方面得分较高。但是南昌由于工业污染较重，导致其资源环境总分降低，需要加强环保方面的投入，改善城镇的生态环境。而资源环境水平较差的上饶、萍乡、赣州则在城市绿化率、绿地面积排得分较低，需要提高城市绿地覆盖面积、城市森林覆盖率，提高资源环境方面得分。

新型城镇化发展的水平不是单纯采用人口比重法来衡量，而是需要构建涵盖经济发展、人口发展、社会建设、城乡统筹、资源环境五大维度的指标体系，从经济发展维度看，赣州市产业结构不合理，经济发展动力还有待发掘；新余市经济发展则得益于作为"新兴工业城市"的优势。从人口发展维度看，南昌的城镇人口发展已进入较为完善的阶段；上饶、抚州、赣州、宜春、吉安五市人口发展水平还有较大的提升空间，应该保障转移人口能享受均等化的公共服务，建立健全农业转移人口市民化推进机制，加强小城镇建设，改变农村落后生活方式，提高"以人为本"的城镇化水平。从社会建设维度看，南昌市在医疗、教育、交通等基础设施建设上比其他城市更加完善；宜春市还需进一步加大城市社会建设投入，完善基础设施、公共服务设施建设，在提升、优化城市功能上重点着力。从城乡统筹维度看，新余市得分最高；赣州农村－城镇人均可支配收入比、农村－城镇人均生活消费支出、农林渔牧产值三项指标均处于全省较低水平，说明赣州农村与城市发展不均衡状况较为严重。从资源环境维度看，江西各地区在新型城镇化建设过程中在资源环境方面差距不大，说明江西优越的生态环境为新型城镇化发展提供了均衡的条件和机会。

总之，从分析可以看到，江西省新型城镇化体现出梯度化的特征：高水平的第一梯队有南昌与新余两个市，一般水平的第二梯队包括景德镇、鹰潭、萍乡、九江四个市，第三梯队则包括上饶、吉安、宜春、抚州、赣州五个市。

第五章

"江西样板"的特色与主要模式

江西省山清水秀，生态良好，生态环境质量位于全国前列。2016年春节前夕，习近平总书记到江西视察时明确指出："绿色生态是江西最大财富、最大优势、最大品牌，一定要保护好，做好治山理水、显山露水的文章，走出一条经济发展和生态文明水平提高相辅相成、相得益彰的路子，打造美丽中国'江西样板'。"

2016年的"两会"审查了国民经济和社会发展第十三个五年规划纲要草案。"十三五"时期是我国全面建成小康社会、实现我们党确定的"两个一百年"奋斗目标的第一个百年奋斗目标的决胜阶段。习近平总书记在江西视察期间对江西工作提出了新的希望和"三个着力、四个坚持"的总体要求：向改革开放要动力，向创新创业要活力，向特色优势要竞争力，坚持用新发展理念引领发展行动，坚持做好农业农村农民工作，坚持把共享理念落到实处，坚持弘扬井冈山精神。树立"江西样板"，是江西人民决胜"十三五"、全面建成小康社会的决心；是完成"三个着力、四个坚持"总体要求的具体措施；是创新、协调、绿色、开放、共享五大发展理念的具体体现。

树立"江西样板"，是江西绿色崛起的要求，是发挥特色优势、促进经济和生态协调发展的具体措施。树立"江西样板"，需要大胆探索实践、积极先行先试，努力形成可供复制和推广的生态文明建设"江西样板"。树立"江西样板"，对于江西绿色崛起战略、对于中部崛起战略、对于全面建成小康社会实现中华民族伟大复兴"中国梦"有着重要意义。

树立"江西样板"，将促进江西经济的发展。2016年，江西省将投入25.8亿元保护生态，同时预计安排用于节能环保支出约81.5亿元，较2015年预算数增长41.9%，大量的财政投入体现了江西保护生态的决心，同时必将推动江西绿色经济的发展；树立"江西样板"，将促进江西经济的转型，统筹绿色生态，全域旅游将成为旅游发展的主旋律，预计到2020年，旅游将带动55万人脱贫致富；树立"江西样板"，可以大大提高全省人民的幸福水平，江西省处于绿水青山之中，拥有南昌、宜春、新余、抚州、吉安5个国家森林城市，意味着近一半设区市的市区人口都生活在"森林"中；树立"江西样板"，既表明了江西省绿色崛起的决心，同时给全国各省绿色发展带来了新的经验。

第一节　"江西样板"的内涵

一、绿色发展样板

绿色的本质是和谐，首先是生态和谐，更重要的是社会和谐。生态和谐要求在发展的同时维护好生态系统的平衡，不能以牺牲生态和自然环境为代价谋求发展。面对"欠发达地区谈绿色崛起为时过早""要发展就会损害生态环境"的观点，江西着力更新观念，凝聚全省上下发展与保护双赢的思想和行动自觉。江西主动引导企业创新升级，自我加压提高环保投入，加紧划定生态、水资源和耕地"三条红线"，加大节能减排力度，招商引资坚决不搞"捡到篮里都是菜"。经济发展考核"指挥棒"向绿色化倾斜，空气质量、污染物排放等指标进入市县科学发展综合考评范畴。

江西省是一个欠发达省份，发展不足仍然是江西面临的最主要矛盾，"经济总量不够大、发展实力不够强、产业结构不够优"的江西，发展机遇是什么？发展路径在哪里？"绿色生态是江西最大的财富、最大的优势、最大的品牌。只有充分扬己之长，全力推进绿色崛起，才能后来居上。"江西省委、省政府提出"绿色崛起"战略方针，谋求生态和经济双赢发展。

我们认为，"江西样板"的核心在于"绿色崛起"。"绿色崛起"的核心在于"绿色发展"，通过发展加快崛起步伐。从20世纪80年代实施的"山江湖工程"，到进入新世纪以来提出"既要金山银山，更要绿水青山"，鄱阳湖生态经济区建设等一系列发展理念和战略，再到国家生态文明先行示范区建设，江西一直在追寻和践行生态立省、绿色崛起的发展之路。

"绿色崛起"绝不是单纯地保护生态，根本目的是加快发展，要千方百计把江西生态优势转化为经济优势。作为欠发达地区，只有加快发展，才能破解总量小、基础差、社会事业滞后等各种难题；只有加快发展，才能变生态优势为竞争优势，充分释放生态经济的潜力；只有加快发展，才能改善民生、富民强省、维护稳定、促进和谐。要加快转变经济发展方式，在发展中促转变，在转变中谋求更好更快发展，不断提升全省经济的综合实力和竞争力，从而加快崛起步伐。

二、绿色经济样板

绿色经济将成为未来世界经济发展的主流模式，这是一种整体的趋势。但目前阻碍绿色经济发展的瓶颈主要还是传统发展模式和科学发展之间的矛盾，因为传统的发展模式是以牺牲环境和资源为代价，与"绿色经济"是相违背的。

绿色经济是一种融合了人类的现代文明，以高新技术为支撑，使人与自然和谐相处，能够可持续发展的经济，是市场化和生态化有机结合的经济，也是一种充分体现自然资源价值和生态价值的经济。绿色经济包含以下几层含义：一是绿色经济首先提升人类的福祉，提高人们的幸福生活；二是解决社会公平的问题；三是在经济发展的过程中，尽量减少由于经济发展造成的环境破坏和资源浪费。绿色经济包含低碳经济、循环经济和生态经济。

绿色经济最重要的载体是绿色产业，没有江西的绿色产业、绿色产品占领国内外市场，是谈不上发展绿色经济的，更谈不上江西的绿色崛起。

长期以来，江西工业产业结构中，重化工、资源能源产业占主导，存在层次不高、竞争力不强、集聚性差、创新驱动不足等问题。2014年，全省六大耗能行业增加值占规模以上工业增加值39.6%，高新技术产业增加值仅占25.2%。近年来，江西将"绿色生态"理念融入发展过程，逐步构建起生态有机的农业体系、环境友好的工业体系、集约高效的服务业体系，生态与经济"琴瑟和鸣"。

针对不同区域的资源特色、经济基础、产业影响力等，江西确立了60个工业产业集群，将有限的资源集约高效地"精准投放"，并差异化引导各市县错位发展新型光电、新能源、电子信息、生物医药等"绿"产业。目前，江西省形成了南昌汽车及零配件、新余光伏新能源、宜春锂电新能源、鹰潭铜合金、崇仁机电等多个在全国有一定影响力的产业集群。预计2016年60个重点工业产业集群主营业务收入将突破万亿元。

传统产业改造提升，新兴产业加快培育，为江西工业转型发展注入了绿色动力。蓬勃发展的现代服务业，则让江西经济的"绿"底色更加鲜亮。2016年以来，江西省密集出台了一系列加快生产性服务业、服务贸易、服务外包产业发展的实施意见，促进了产业结构调整升级，激发了经济发展活力，一批新的经济增长点正在加快培育。

作为江西现代服务业中最有条件率先崛起的产业，旅游业已成为该江西实现转型发展的引擎。为优化旅游产业布局，江西推动上饶市、景德镇市、鹰潭市成立了赣东北旅游联盟；加快推进赣西新余市、宜春市、萍乡市旅游合作发展和赣州市、抚州市、吉安市原中央苏区旅游振兴发展。2015年上半年，江西省累计接待游客1.8652亿人次，同比增长23.99%；旅游总收入1549.12亿元，同比增长37.74%。

近年来，江西省创新支持方式，从多角度、采取多项措施筹集资金，支持节能减排，打造绿色经济，取得了良好的效果。2015年，江西省财政继续从省级节能专项资金中安排资金3000万元，采取有限风险补偿模式帮助工业企业获得银行节能技术改造信贷支持，并对获得贷款的企业予以部分贴息。从2015年起调高了四类主要污染物减排的奖励标准：每削减1吨二氧化硫，奖励金额由 800 元提高至 1200 元；每削减 1 吨氮氧化物，奖励金额由 500 元提高至 1000 元；每削减 1 吨化学需氧量，奖励金额由 1000 元提高至 1600 元；每削减 1 吨氨氮，奖励金额由 8000 元提高至 16000 元。"十二五"期间，省财政厅根据城市生活污水管网建设任务完成情况、上年新增污水处理能力、新增污水处理量以及 COD 等主要污染物削减量，实行以奖代补，共下达城市污水管网建设资金 24.03 亿元。2015 年，省财政新增资金 1.92 亿元，全面启动全省百强中心镇开展污水处理设施建设工作，力争 2017 年镇区污水收集率达 80% 左右，镇区生活污水基本得到有效处理。2014—2015 年，省财政安排资金 1 亿元，支持江西省新能源汽车的推广。

江西作为一个中部欠发达省份，目前正在加快推进工业化、城镇化进程，经济发展与生态环境保护的矛盾日益凸显。如何通过生态文明先行示范区建设，加快传统产业的绿色化发展，提升绿色经济的含量，这不仅对于江西发展具有重要的战略意义，而且对于中部地区乃至全国发展绿色经济，促进生态文明建设都具有重大的典型示范作用。

三、绿色生态样板

秀美山川、绿色生态是江西最大的财富、最大的优势和最大的品牌。江西全境被国家列入生态文明先行示范区后，江西启动了生态文明建设"十大工程" 60 个项目包，在启动生态、水资源、耕地"三条红线"划定工作的基础上，"净水、净土、净空"的立体化生态建设工程在江西如火如荼开展。

——"净水"工程，加快"五河一湖"环保整治、鄱阳湖流域水环境综合治理等工程建设，启动工业园区污水处理管网配套完善工程，在部分重点河段推行"河长制"；

——"净土"工程，加快赣江源头和乐安河流域等 7 个重点防控区试点示范工程建设，加强对农业面源污染和重金属污染区的治理；

——"净空"工程，建成投入运行 99 个大气先期治理项目，力争在所有设区市开展 PM2.5 实时监测，年内建成省碳排放交易平台。

一系列生态工程在为江西生态文明建设奠定了坚实基础。

2016 年，江西省财政预算安排 81.5 亿元用于节能环保支出，大力推进环境保护工作，让青山、碧水、蓝天成为"江西风景独好"的靓丽名片，着力推进主要污染物总量减排、着力加强农村环境污染治理力度、着力强化污水处理能力、着力加强林业资源保护、着力支持水生态文明建设、着力提升环境监测水平和监察执法能力。同时，江西省将加强农村环境整治，加强生态示范创建，力争创建 1 个国家级自然保护区、2 个省级自然保护区，力争再创建 5 个省级生态县、30 个省级生态乡（镇）和 60 个省级生态村。此外，2016 年江西省还将完成人工造林面积 200 万亩，封山育林工程 100 万亩，森林抚育工程 560 万亩，水土流失治理 120 万亩，在保护生态环境上打造"江西样板"。

江西通过推进生态文明建设，根本目的在于增进人民群众的生态福祉。通过美丽乡村建设，江西已有 52879 个自然村、600 个左右的集镇启动了农村清洁工程建设试点。不少乡村青山环抱、绿水围绕、环境优美，一派世外桃源景象。

"江西样板"的一个关键目标就是为"美丽中国"建设树立"绿色生态样板"。一方面树立生态功能健全、环境优美的自然生态保护样板，另一方面树立重视生态环境的生存性、宜居性功能福祉增进样板，确保和提升生态环境适合人类生存和生活的标准，强调满足人民群众对良好生态环境和生态产品的需求。"江西样板"是人民福祉得到保障和提升的样板。

四、绿色制度样板

十八届五中全会提出，全面建成小康社会新的目标要求之一是生态环境质量总体改善；同时，绿色发展将作为"十三五"期间坚持的五大发展理念之一，重点是从国土空间格局、资源节约集约利用、环境治理与管理等方面推进落实。在"十三五"期间，通过实施《生态文明体制改革总体方案》，将会加快推进生态环境治理体系和治理能力现代化，建立适应小康社会要求的生态文明管理体制，实现相应的环境质量目标。

制度创新是生态文明建设的核心。江西将制度创新作为生态文明先行示范区建设的首要任务，重点围绕生态补偿机制完善、河湖管理与保护、空间规划改革创新、生态资源保护红线划定、生态文明考核评价体系构建、生态文明县市先行先试、林权交易平台创建、矿产资源保证金制度建设八个方面，开展系列重大体制机制创新，积极先行先试，取得了一定成效，积累了很好的经验，正在努力形成一套可操作、可推广、可复制的制度体系。

近年来，江西从流域、湿地、公益林三个领域生态补偿机制建设方面进行了积极探索。一是流域生态补偿机制方面：江西省 2013 年编制了《江西东江源生态保护与补偿规划》，2015 年出台了《江西省流域生态补偿办法（试行）》，按照"保护者受益、受益者补偿"的原则，重点补偿"五河一湖"及东江源头保护区和重点生态功能区，实施范围包括鄱阳湖和赣江、抚河、信江、饶河、修河五大河流以及九江长江段和东江流域等，涉及全省 100 个县（市、区）；二是湿地生态补偿机制方面：江西省出台了《2014 年鄱阳湖国际重要湿地生态补偿试点实施管理指导意见》；三是生态公益林补偿制度方面：江西省启动了地方公益林省级森林生态效益补偿机制，并安排省级财政专项资金给予支持。

"河长制"是开展河湖管理与保护制度重要创新模式。江西省于 2015 年底在省内外广泛开展调研学习的基础上，制定了《江西省实施"河长制"工作方案》。在推进生态文明县市先行先试方面，2015 年 5 月，江西省正式启动了第一批生态文明先行示范县（市、区）创建评选工作，印发了《江西省生态文明先行示范县（市、区）建设实施意见》和《江西省生态文明先行示范县（市、区）创建工作方案》。

在探索划分生态资源保护红线方面，江西积极探索生态红线、水资源红线、耕地红线划分工作。一是生态红线方面：2015 年 5 月，江西省政府办公厅印发了《江西省生态保护红线划定工作方案》，目前已经起草完成《江西省生态保护红线管理办法》；二是水资源红线划定方面：2014 年印发了《江西省水资源管理"三条红线"控制指标（2015 年）》；三是耕地红线方面：2016 年 5 月，江西省人民政府办公厅出台了《关于严格保护耕地严守耕地红线的意见》。

在建设矿产资源保证金制度方面，江西省于2015年颁布了《江西省矿产资源管理条例》，等等。

"多规合一"是我国空间规划体系的重大改革。2014年8月，江西省政府在国家"多规合一"试点的基础上出台了《江西省城乡总体规划暨"多规合一"试点工作方案》。

2013年，江西省考评办在市县政府经济社会发展考评体系的基础上，对全省各类考核评价项目进行了整合，建立了唯一一套对市县科学发展进行综合考核评价的指标体系。

树立"江西样板"，就是总结江西在建设"秀美江西"和"绿色崛起"的过程中绿色制度创新方面的经验和做法，为加快"美丽中国"建设提供有益的制度借鉴和参考。

五、绿色文化样板

人与自然是一个生命共同体，尊重自然、顺应自然、保护自然，发展和保护相统一，是生态文明的核心理念。培育绿色文化，要的就是培育崇尚人与自然和谐的文化，树立热爱自然、尊重自然、顺应自然、保护自然的生态文明理念；要倡导绿色生活、绿色发展，培育生态道德，让社会公众承担起对生态和环境的责任，养成良好的生态道德和习惯。

生态绿色文化是生态文明建设的灵魂。江西牢固树立生态文明理念，以丰富多彩的形式，在全社会广泛开展绿色新生活运动，大力弘扬勤俭节约的优秀传统，推行绿色生活方式和消费模式，倡导生态文明行为；大力推进将生态文明教育纳入国民教育、干部培训和企业培训计划，努力构建从家庭到学校到社会的全方位生态文明教育体系；积极推动建立生态文明推广体系和绿色家园创建工程，全省生态文化建设和推广空前繁荣；创新模式"四城同创"（创建园林城市、森林城市、卫生城市、文明城市），多角度、深层次地宣传生态建设和环境保护的重大意义；以国家节能宣传周、世界环保日、环保赣江行等为契机，利用各类媒体，借助各种活动，倡导节能减排、低碳发展的生产生活方式。以生态乡村、生态小镇、生态园区等生态家园创建为平台，营造全社会共建共享生态文明的浓厚氛围。

树立"江西样板"，就是树立"绿色文化样板"，唤醒我们每个人内心对自然的敬畏、对生命的尊崇，在全社会形成一种人人保护生态环境的良好氛围，使得青山常在、清水长流、空气常新从愿景变成现实，并成为"美丽中国"常态化的一种文化和氛围。

总之，打造美丽中国"江西样板"必须坚持创新、协调、绿色、开放、共享五大发展理念。"江西样板"是绿色生态样板，必须加强江西省绿色生态的保护和建设，使江西的生态优势更加凸显，生态环境质量领先全国；"江西样板"是绿色经济样板，必须提升绿色经济发展水平，促进生态与经济协调发展，增强绿色生态特色竞争力；"江西样板"是绿色制度样板，必须着重建立健全符合江西实际的生态制度体系，加快形成一批可复制、可推广的制度成果，为全国绿色发展积累有益经验；"江西样板"是绿色文化样板，必须大力倡导绿色价值观，建立生态文明推广体系，形成人人尽责、共建共享的社会氛围，实现生活方式和消费模式向勤俭节约、绿色低碳、文明健康的方向转变。江西将在五大发展理念的引领下，加强绿色生态保护建设，提升绿色经济发展水平，建立完善生态制度体系，大力倡导绿色发展观，打造美丽中国"江西样板"。

第二节　"江西样板"的主要模式与经验

从20世纪80年代的"山江湖开发治理工程"，到新世纪鄱阳湖生态经济区建设，再到2015年启动的国家生态文明先行示范区建设项目，绿色生态一直是江西省经济发展必须坚持的原则，生态立省、绿色发展一直是江西省坚持的理念。江西坚持绿色生态的发展模式，逐步形成了具有江西特色的发展之路。

由于历史、自然、社会和经济的原因，20世纪80年代初，江西省生态和经济状况恶化，植被破坏严重，水土流失加剧，江河湖泊淤积，洪涝灾害频繁，生物资源锐减。有关部门曾对于以上局部问题进行过局部研究并采取了相应的措施，但是因头痛医头、脚痛医脚，局部性治理赶不上全局性破坏，问题依然存在，因此"山江湖开发治理工程"应运而生，工程明确了"治湖必须治江、治江必须治山、治山必须治穷"以及"立足生态、着眼经济、综合开发、系统治理"的流域综合开发治理基本原则，并以经济发展与环境保护协调统一为主线编制了《江西省山江湖开发治理总体规划纲要》（简称《规划纲要》），期望将山江湖区建设成经济发达、环境优美、物质丰富、文化昌盛的生态经济区域。

"山江湖工程"是以鄱阳湖流域可持续发展为目标的一项生态经济工程，是中国流域综合管理的先行者。"山江湖工程"历时三十余年的探索与实践，积累了9大类29个可持续发展技术模式，在全流域范围内建立了12个国家和省级可持续发展试验区，开创了中国中、大流域实施"环境与发展"协调战略的先河。

除了"山江湖开发治理工程"，江西在绿色发展的过程中逐渐形成了具有江西特色的生态文明制度：水生态文明建设、"河长制"以及林权改革等。

一、"山江湖"治理工程

20世纪80年代起，江西省开展了山江湖治理工程。治理工程是一项以协调发展与环境为主要内容、以生态农业为基础的跨世纪大流域可持续发展工程，是《中国21世纪议程》优先项目之一。

山江湖，是鄱阳湖和流入该湖的赣、抚、信、饶、修五条河流及其流域的简称，整个流域面积16.2万平方公里，占全省国土面积97.2%，几乎覆盖了整个江西省。五条河流分别发源于江西东、南、西部的山区，其干流成为连接上游山区与下游湖区的纽带。山、江、湖彼此相连，息息相关，构成一个互为依托的大流域生态经济系统。

80年代以前，人们对山江湖区域的认识还非常片面，面对日益严重的水土流失和生态环境的恶化，没有把山江湖作为一个大流域来综合开发治理，而是"头痛医头，脚痛医脚"，结果是顾此失彼，治不胜治。1983 年 1 月，17个厅局、39 个科研院所、大专院校和 600 多名科技人员在"江西省人民政府鄱阳湖综合科学考察领导小组"组织下，开始了大规模的鄱阳湖综合科学考察和研究。在鄱阳湖综合考察和研究中，专家们从战略上考虑，鄱阳湖的出路必须"驯服五河，协调江湖"，而赣江等五河发源于赣南、赣东、赣西的山区，山是江湖水流之源，入河湖的泥沙主要来自山区，湖是山、江源流之归。因此，专家们认为，鄱阳湖区的开发治理必须抓住"治湖必须治江、治江必须治山"这个根本，把山、江、湖作为整体加以考虑，做到江、河上、中、下游结合，生物措施与工程措施并重，湖内与湖外配合，通盘考虑，统一规划。

"山江湖工程"其丰富的实践内涵和开放的实施战略使得该工程在国内外的影响日益扩大，国家有关部委及联合国、欧盟、世界银行、世界自然基金会等纷纷伸出援助之手。90 年代以来，联合国开发计划署无偿援助"山江湖工程"一期项目"江西山江湖区域开发"启动，同年国家科委设立的支持山江湖开发治理专项——"111"专项启动，前后 10 年间共落实贷款 21000万元，地方自筹 13696 万元，科技部配套经费 1510 万元，累计投入 36206万元。与此同时，世界银行贷款国家造林项目启动，项目投资 3.68 亿元，造林 12.58 万 hm^2。1992 年，山江湖工程代表参加在巴西召开的世界环发大会环境技术博览会，"山江湖工程"作为中国区域开发治理的典型在大会展出，获得了广泛的关注和好评。1994 年，中德两国政府合作年会商定，德援山江湖工程的《江西山区发展》项目作为优先项目列入计划，确定项目一期德方无偿援助 600 万马克，项目执行期 3 年，"江西省山江湖区域开发整治"入选《中国 21 世纪议程》优先项目计划。

20 世纪以来，"山江湖工程"进入新世纪、新阶段。2000 年，世界博览会在德国汉诺威市举行，"山江湖工程"在世界馆展出，工程受到广泛关注。2001 年，世界自然基金会（WWF）与江西省山江湖委办签署了《鄱阳湖湿地生态旅游开发》项目合作协议并正式启动。2008 年，"十一五"国家科技支撑计划"鄱阳湖生态保护与资源利用研究"项目启动，"山江湖工程"入选"江西改革开放 30 年 10 件大事"。2011 年，在香港举行的"绿色中国 2011·环保成就奖大型评选"颁奖典礼上，江西山江湖可持续发展促进会获唯一的"绿色中国·杰出环境保护组织"称号。

三十多年来，山江湖开发治理大致经历四个阶段，并取得很大成效。

1. 山江湖治理工程的历史阶段

一是山水环境整治阶段。在进行山江湖区域资源考察和宏观战略研究的同时，"山江湖工程"在山地、丘陵、湖区建立了一批试验示范基地，进行治山、治水与治穷相结合的山水资源开发与综合治理。

二是小流域生态经济建设阶段。当时的国家科委与江西省合作开展了"山江湖工程""111"专项计划的组织实施，相继建立了 9 大类 29 个试验示范基地，同时建立了一批具有相当规模的一二产业商品生产基地和小流域综合治理试验区，并以壮大县域经济为主线，创立与完善了若干成功的模式和经验。

三是区域可持续发展实验阶段。进一步巩固、发展和完善山江湖开发治理试验示范网络体系，同时结合国家可持续发展实验区的开展，由点到面，点面结合，建立了几十个以县（市）、乡（镇）为单元、各具区域特色的山江湖可持续发展实验区和 8 个国家级可持续发展实验区。

四是生态文明建设阶段。在此阶段，"山江湖工程"围绕"探索流域生态环境治理体系，建设减压增效的生态产业发展模式"，开展以乡镇为单元的生态文明社会建设试验。2009 年底，国务院正式批复《鄱阳湖生态经济区建设规划》，该规划和目前进行的生态文明示范区建设标志着"山江湖工程"从生态经济区建设探索阶段进入全面建设阶段。

三十多年来逐步修复的自然环境生态系统，蕴含着生态文明与新型城镇化建设的巨大潜力。党的十八大后提出的生态文明与新型城镇化建设的国家战略，正在使江西成为践行生态文明建设的改革前沿，江西人的执着赢得了世界的尊重。从 1983 年开始，"山江湖工程"先后打响了"灭荒"造林、"山上再造"和"跨世纪绿色工程"三大全省性战役。三十多年的锲而不舍，使全省森林覆盖率从 31.5% 上升到 63.1%，成为全球可持续发展的典范工程。

贫困人口减少 600 多万，全省 GDP 增长 64 倍。

2."山江湖工程"的治山治水模式

"山江湖工程"建立科技先导示范体系，该体系主要包括以治山、治水为重点的试验示范体系、探索资源开发与环境保护相协调的试验示范体系、探索生态与经济协调发展的试验示范体系。

对于以治山、治水为重点的试验示范体系，"山江湖工程"采取"软硬兼施、虚实并举、典型引路、系统推进"的工作方法，将治山、治水、治穷与治愚有机结合。工程建设之初，面临的主要问题是加快恢复受损害的生态系统，遏制流域生态环境的恶化趋势，为此，"山江湖工程"在山地、丘陵、湖区建立了一批试验示范基地，着重进行治山、治水与治穷相结合的山水资源开发与综合治理，逐步形成了红壤丘陵开发治理模式、山区小流域综合治理模式、湖区平原开发治理模式。

在红壤丘陵开发治理方面，采取因地制宜、全面规划、综合治理、系统开发的方法，探索了红壤综合开发治理的新途径，创建了闻名中外的"丘上林草丘间塘，河谷滩地果与粮，畜牧水产相促进，加工流通更兴旺"的"千烟洲模式"和"顶林—腰园—谷农"的"刘家站样板"。

在山区小流域综合治理方面，采取系统规划，工程与生物措施相结合，上下游相结合，先坡面后沟道，先支沟后干沟，山、水、田、林、路统一布局的方法，构建多目标、多功能、高效益的小流域综合治理防护体系，创建了影响海外的"赣南山区龙回河小流域综合治理模式"。

在湖区平原开发治理方面，采取以治沙为本、林草先行、林果牧相结合的办法，建立了新建县厚田乡"亚热带风沙化土地综合开发南昌试验站"和南昌岗上乡"江西山江湖工程沙荒开发治理试验场"，形成了既改善沙区生态环境又充分挖掘沙地潜力的多个高效生态农业模式。

对于探索资源开发与环境保护相协调的试验示范体系，"山江湖工程"引进国外参与式小流域综合治理方法，成功探索与实践了环境保护和经济社会发展相结合、当前利益与长远利益兼顾的"猪—沼—果"生态农业模式，建立了果业规模开发示范——"南康甜柚基地",建立了山区资源综合利用示范——"井冈山茨坪林场",建立了农业商品产业示范——"永新县蚕桑基地"和"农牧商一体化,产供销一条龙"的农工贸结合、产供销配套典型——"赣县梅林基地"。

对于探索生态与经济协调发展的试验示范体系,"山江湖工程"继续推进生态系统的恢复和生态产业发展以及全面开展可持续发展实验区建设示范。为了继续推进生态系统的恢复,建立了果园水土流失综合治理技术集成研究与示范——"信丰果园基地",水源涵养林功能恢复典型——"赣江源自然保护区建设基地",建立了绿色生态农业示范——"奉新猕猴桃高产栽培国际合作试验示范基地"、绿色有机农业示范——"万载县有机农业基地"、生态城市建设示范——"共青数字生态城建设",还建立了人工湿地示范——"星子县温泉镇农村生活污水处理基地"、沙化土地与水土流失区治理示范——"都昌县多宝乡沙化土地综合治理基地"和湿地生态修复、重建示范——"都昌县多宝乡湿地保护与修复基地"。工程全面开展可持续发展实验区建设示范,按照"生态农业型""循环经济型""生态旅游型""城乡协调型"和"环境整治型"五大类分别建设了井冈山、章贡区、婺源县等5个国家级可持续发展实验区以及泰和县千烟洲、靖安县等20多个江西省山江湖可持续发展实验区。

总之,"山江湖工程"在农业方面,小流域综合治理模式、红壤丘陵立体开发模式、"猪—沼—果"生态农业模式、生态农业和绿色食品系列模式得到大面积推广;在工业方面,工业园循环经济利用模式、矿产资源综合利用模式、可再生资源利用模式以及矿区生态修复模式产生了巨大的经济价值和生态效益。尤为可贵的是,"山江湖工程"通过建立9大类29个试验示范基地和100多个辐射点,形成了覆盖鄱阳湖流域的试验示范网络。

3."山江湖工程"的成功经验

"山江湖工程"取得了举世瞩目的成就,其开发治理模式有许多可以借鉴的经验:

第一,"山江湖工程"有明确的目标和阶段任务。

　　1991年省人大常委会通过《江西省山江湖开发治理总体规划纲要》，明确了"山江湖工程"为江西省的一项长期基本建设任务，工程跨度约60年，确定了工程的近期和中远期目标，分阶段系统推进。"山江湖工程"的目标分为近期目标和中远期目标，近期目标是指1991—2000的目标，主要包括环境整治、经济建设、社会发展三方面。

　　环境整治目标是，到2000年，"山江湖工程"需要基本控制水土流失，减轻特大洪涝干旱所造成的损失，还需要有效地控制环境污染，防止生态环境恶化。具体目标是，治理水土流失面积2300万亩，占水土流失总面积的65%；基本实现区内绿化，森林覆盖率由35%提高到50%；旱涝保收面积达到占耕地面积的64.2%；水质达到国家地表水二级标准；城镇环境达到国家一级环境质量标准。

　　经济建设目标是，合理开发各类资源，基本形成比较合理的产业结构和生产力布局，生产力水平有较大提高，人民生活得到较大改善。根据山江湖区土地利用现状，大力开发荒山、荒坡、荒水资源。在粮食生产稳定发展的同时，争取经济作物、林果业、多种经营和乡镇企业有突破性发展，逐步使食品、轻工、纺织、化工及农用机械成为本区的支柱产业。到20世纪末，力争国民经济总产值按1990年价格计算比1980年翻两番，工农业总产值比1980年翻两番以上，人民生活进入小康水平。

　　社会发展目标是，大力加强社会主义精神文明建设，切实抓好计划生育，增强人口意识观念，有效地控制人口增长，人口自然增长率1995年控制在千分之十五，后十年控制在千分之十二。普及九年制义务教育，提高人口素质，改善农村医疗卫生条件，基本消灭血吸虫病，提高人民健康水平。

　　"山江湖工程"中远期目标的时间是2001—2025—2050，目标是综合治理环境，系统开发资源，逐步实现区域经济在社会生产过程中的良性循环和能量物质在转换过程中的良性循环，将山江湖区建设成经济发达、环境优美、物质丰富、文化昌盛的生态经济区域。

　　第二，"山江湖工程"建立了流域综合管理体制和运行机制。

　　"山江湖工程"是一项复杂的系统工程，涉及江、河、湖泊上下游、左右岸等不同区域不同人群的相关利益，与水利、农业、林业、交通、卫生、国土资源、环境保护等政府部门的管理职能有关。为了协调各个厅局和市县政府同心协力参与"山江湖工程"的开发治理工作，1985年7月，江西省成立了江西省人民政府赣江流域与鄱阳湖区开发治理领导小组。1991年4月，江西省人民政府赣江流域与鄱阳湖开发治理领导小组升格为江西省山江湖开发治理委员会（以下简称省山江湖委），由省长或省委书记为主任，省科委、计委、经贸委、财政、农业、林业、水利、环保、气象、国土等二十多个厅局及相关地、市主要负责人为委员，下设办公室作为办事机构。部分市县根据本地区的需要，也先后成立了相应的市县山江湖开发治理委员会及其办公室，负责本区域山江湖开发治理工作。为确保山江湖工程重大决策的科学性、预见性和综合性，成立了涵盖经济、社会、生态、水利、农业、林业、交通、卫生、国土资源、环境保护和现代信息技术等学科的二十多位省内外著名专家、学者组成的"山江湖工程学术委员会"，为"山江湖工程"的重大决策提供科学咨询与技术支撑。流域综合管理体制和运行机制可以具体表现为下图：

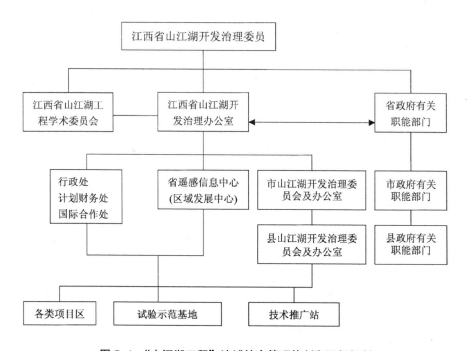

图 5-1 "山江湖工程"流域综合管理体制和运行机制

第三，"山江湖工程"实施大项目带动战略。

大项目覆盖面大，辐射能力强，影响深远。只有不断实施包括工程建设和行动计划在内的大型项目，流域开发治理工作才能全面展开、系统推进。"山江湖工程"先后实施了一大批重大生态经济工程（项目）。1990 年以前以国土整治开发、灾害防治为主；1990—2000 年以生态环境建设和生态农业开发为主；2000 年以后，以更高的标准发展生态经济。大项目成为"山江湖工程"的支柱，是引领整个工程不断深入、系统推进的有效途径。通过大项目的实施，有利于统一认识、协调行动，集中力量办大事；有利于解决流域经济社会发展和生态环境保护中存在的突出问题；有利于推广先进技术和成功模式，增强可持续发展的能力。

例如，1998 年开始实施的"退田还湖、移民建镇"项目，调动了国土、水利、农业、林业、环保等多部门和各级地方政府的积极性，打破了地域界线，整合了人力、财力和其他资源，解除了洪涝灾害对 90 万村民的威胁，改善了他们的生活生产条件，改变了农村的落后面貌，增加了鄱阳湖的蓄洪容量。"红壤开发项目"因地制宜地推广各类红壤开发利用技术与模式，修复和重建了受损害的生态系统，并建立了多个林木、果园等生产基地。"赣中南农业综合开发"项目所建立的生产基地和创立的"猪—沼—果"生态农业模式，使赣州市种植脐橙面积达 180 万亩，成为当地经济的重要支柱产业之一。

第四，"山江湖工程"建立流域综合规划、法律法规、科技先导示范三大体系。

在流域资源环境综合科学考察基础上，"山江湖工程"借鉴国内外有关流域综合开发治理的规划与实施经验，开展鄱阳湖流域开发治理的宏观战略研究，确定工程规划的范围、基本战略、总体目标和阶段目标，编制适合江西省情的鄱阳湖流域综合管理规划——《江西省山江湖开发治理总体规划纲要》。该《规划纲要》按照可持续发展的原则，以生态经济理论为指导，确立了"治湖必须治江、治江必须治山、治山必须治穷"的基本战略和"立足生态、着眼经济、系统开发、综合治理"的指导方针。伴随我省经济社会的快速发展和鄱阳湖流域生态环境的重大变化，为了解决流域内出现的新问题，结合《规划纲要》的阶段实施情况，"山江湖工程"于2005年编制了《江西省山江湖工程中长期规划2006—2020年》（以下简称《中长期规划》），明确了未来15年山江湖工程的阶段建设目标和重点领域。在《规划纲要》和《中长期规划》两部宏观战略规划的指导下，"山江湖工程"分期编制了系列"山江湖工程五年发展规划"，并纳入全省社会经济发展计划。由此，"山江湖工程"形成了以《规划纲要》为主线，以《中长期规划》和"五年发展规划"为指导，以专项规划为补充的山江湖开发治理规划体系。为了及时了解工程实施情况和存在的问题，山江湖工程适时对工程开展阶段性绩效评估，不断对规划进行修改、完善和调整。

"山江湖工程"建立了流域法律法规体系。为了使山江湖开发治理有法可依、有章可循，根据国家有关环境保护和资源开发的法律法规，江西省加快了生态环境保护和自然资源开发利用的法制建设。自1985年以来，江西省人民代表大会先后通过了《环境污染防治条例》《资源综合利用条例》《矿产资源开采管理条例》《公民义务植树条例》《建设项目环境保护条例》《血吸虫防治条例》《湿地管理条例》等30多项地方法规。省政府也先后颁发了《基本农田保护办法》《河道采砂管理办法》《野生植物资源保护管理暂行办法》《水资源费征收管理办法》《矿产资源补偿费征收管理实施办法》《征收排污费办法》《渔业许可证、渔船牌照实施办法》《关于制止酷鱼滥捕、保护增殖鄱阳湖渔业资源的命令》等三十多项行政规章。同时还在群众中长期不懈地进行法制宣传教育，加大执法力度，切实保护生态环境，合理开发资源。

从围湖造田到退田还湖，从开荒种田到退耕还林，从靠山吃山到封山育林，在人与自然的博弈中，"山江湖工程"掀起了一场覆盖全省的绿色革命。这场革命不仅包含绿化造林、改善生态的行动，更深远的意义在于宣传普及了人与自然和谐共处的绿色环保理念，江西人开始审视人类活动对周边生态环境的影响，思考如何趋利避害，使"可持续发展""绿色""生态"理念广为传播，广泛植入江西人的心中。

"山江湖工程"不是搞简单、割裂的项目示范,而是围绕流域生态系统的修复进行综合治理,以自主创新、试验示范为先导,推动体制机制的创新及区域治理,遵循"治湖必须治江,治江必须治山,治山必须治穷"的基本原则,绿色发展的理念贯穿始终。"山江湖工程"的开发治理体现了五大发展理念,发挥了江西的最大优势,保护了江西的最大财富,是打造美丽中国"江西样板"的重要模式。

二、资源型城市转型发展——来自瓷都的经验

伴随着千年不息的熊熊窑火,瓷土的开采步伐从未停步。景德镇制瓷原料的优质瓷矿资源一步步进入了枯竭期。资源枯竭带来的产业结构性矛盾、社会负担、财政困难等问题开始困扰千年瓷都景德镇的经济社会发展。2009年3月5日,国家将景德镇确定为第二批资源枯竭城市。在几年来的转型实践过程中,景德镇市正在全力打造中国瓷都形象重构模式。 这个模式就是以国家级资源枯竭城市试点改革发展为契机,以陶瓷文化创意产业为抓手,以大陶瓷产业战略带动景德镇老工业基地振兴,提升城市品质,加快产业重构,实现陶瓷产业与旅游、文化、科技、生态环境的结合,以陶瓷文化创意产业引领并实现一、二、三产业联动发展,从而加快产业结构调整,保障财力增长、充分吸纳就业,建设转型创新试验区域,重塑世界瓷都,建设生态宜居城市。

2015 年,景德镇提出了"复兴千年古镇、重塑世界瓷都、保护生态家园、建设旅游名城,打造一座与世界对话的城市"的发展定位;以"产业更强、城市更美、文化更特、生态更优、民生更实"作为发展重点;以"国际化思维、全域化规划、项目化推进、景区化建设、一体化发展"作为举措的"三个五"战略行动。

景德镇转型发展推行的瓷都形象重构模式核心内涵在于"创意、创新、创业",以这三个理念贯穿整个资源城市的产业、城市、社会民生、生态环境等要素结构重组、提升和优化,走出一条可持续、绿色、创意、创新、创业

的发展之路。

1. 经验之一：资源转型，由有形瓷源向无形资源转变

2015年，景德镇市陶瓷工业总产值达335亿元，比2014年增长14.9%。其中，陶瓷文化创意和陶瓷文化旅游产业产值突破二百亿元大关。景德镇资源城市转型取得成效的重点之一就是将资源消耗型城市向文化创意经济引领的循环经济城市转型。优化并利用好景德镇的瓷土矿产资源；做精做强陶瓷产业，突破瓷土开发遍地开花、不合理配置的利用资源状况。针对艺术陶瓷、日用陶瓷、建筑陶瓷、工业陶瓷、高新技术陶瓷等陶瓷产业，实施"高端引领、中端优化、低端退出"的陶瓷产品开发战略。用少量的瓷土创造更高附加值的产品，比原来用大量原料创造出来的产品价值更高，可持续发展能力更强，实现资源由高消耗转向低消耗、高附加值替代低附加值的循环经济转型。

提升景德镇无形资源的资源重构与优化，为景德镇资源城市转型开辟了新的途径。景德镇市充分利用和挖掘改制企业积淀的品牌优势和深厚的陶瓷历史文化资源，合理整合改制企业的有型资产和无形资产，以品牌建设为龙头，做大做强景德镇千年陶瓷品牌，把品牌优势、科研优势和专业化协作配套优势结合起来，整合开发无尽的陶瓷产业资源。

2. 经验之二：产业转型，依托陶瓷文化打造创意产业和旅游产业

总投资10亿元，用地1000亩，着力打造"五大中心"，即"世界级陶瓷创意设计中心、世界级陶瓷文化旅游中心、世界级陶瓷文化会展和交流中心、世界级陶瓷古玩与陶瓷艺术品交易中心、世界级陶瓷文化创意教育和资讯传媒中心"。依托国内外两个市场、两种资源，重点发展景德镇陶瓷文化产业，打造世界级陶瓷文化创意产业基地。发挥景德镇艺术陶瓷独特优势，让全中国、全世界的艺术家到景德镇建陶艺工作室，将陶瓷文化创意产业做成景德镇陶瓷振兴新的增长点，形成世界艺术陶瓷、日用陶瓷、工业陶瓷等创意、策划、品牌、工艺、学术交流的高端平台，并成为国际陶瓷产业最有影响力的风向标。

从产业视角建设创意经济城市，实施"大陶瓷"战略，促进一、三产业

的联动发展。与景德镇旅游产业和旅游中心城市形成联动，将陶瓷产业开发融入景德镇文化旅游业的发展，陶瓷文化旅游业起到举足轻重的作用。景德镇以独特的陶瓷文化魅力吸引着国内外游客。据了解，古窑民俗博览区作为全国唯一一家以陶瓷文化为主题的 5A 景区，其在景德镇旅游业中的作用越来越大，所创造的旅游收入逐年大幅度提高，已经成为全省的旅游龙头企业。2015 年，旅游产业发展迅速，接待游客、旅游总收入分别年均递增 18.56%、31.3%，达到 3100 万人次和 260 亿元。2016 年还将规划依托老街区、陶溪川、名坊园、浯溪口水库等载体打造旅游精品项目，扩大旅游区域合作与营销，创新旅游推介形式，壮大旅游产业规模。

景德镇具有千年的陶瓷文化，形成了重要的物质文化遗产和非物质文化遗产，将陶瓷产业融入文化产业的开发，构筑陶瓷文化、产业、人才、品牌的创意文化产业开发链条。将高新技术融入陶瓷产业，激活陶瓷产业新的增长点，开发功能陶瓷、纳米陶瓷、新材料陶瓷等新产品系列。与培育和壮大战略性的接续替代产业相结合。初步形成高新技术陶瓷和文化创意产业、航空产业、生物与新医药产业、光伏产业、清洁汽车及动力电池产业、LED 半导体照明产业和有机食品产业等战略性新兴产业基地集群。与生态环境保护相结合。陶瓷文化产业资源的开发可以确保生态环境的安全，实现循环经济的发展。

近年来，景德镇市大力推进"大陶瓷""大旅游"等战略的实施，扩大对外交流，初步形成了"请进来"的产业国际化，即通过"政府搭台、艺术唱戏"的主要方式，将国外陶瓷产业方面的艺术家、收藏家、企业家、陶瓷爱好者等以及协会、中介组织、高等院校等"请进来"，参与到景德镇陶瓷文化创意产业的创意、创新和创业活动中来。打造世界级陶瓷文化创意产业"五大中心一大基地"，建设创意经济城市，创造良好的产业创新环境。以国际雕塑陶瓷创意园、景德镇国际陶瓷艺术创意中心、三宝陶艺村、红店街、珍奇御瓷研发创意园等创意平台建设，吸引来自美国、意大利、法国等四十多个国家和香港、台湾地区的陶瓷艺人，逐步发展成为中国最大的陶瓷原创艺术区。

2015年，陶瓷文化创意产业进一步得到发展和提高。尤为可喜的是，经过不懈努力，一批陶瓷文化创意产业园（基地）分别投入使用（开园）。2015年9月份正式开园的景德镇皇窑陶瓷文化创意产业园是一个高起点规模、高标准建设、高水平营运的全手工制瓷的园林式国家级非遗生产性保护和研究示范单位，也是文化创意产业示范基地，还是江西省战略新兴产业重大项目。该园占地面积210多亩，总建筑面积5.36万平方米，年接待游客可达10万人次，吸引了海内外一大批陶瓷艺术创作人才进驻。分外从接待入境游客指标来看，2015年景德镇接待境外游客42.47万人次，同比增长14.9%。

3.经验之三：城市功能转型，树立世界瓷都新形象

以城市品位提升和树立世界瓷都形象，构筑城市有序空间，促进资源枯竭城市转型。古镇风貌初步展现，编制完成《历史文化名城保护规划》，并按规划要求对老街区、老厂区和老窑址等实施了"点、线、面"立体控制和保护。实施市区"强核"战略，提升城市形象，大力发展第三产业，景德镇市构建南北两条城市发展轴线，完善城市内核功能；加强中心城区与浮梁、乐平的对接和联动，建设东西城市产业发展带，扩大城市建成区规模，增强城市的综合辐射带动能力，建设成为鄱阳湖生态经济区中心城市，实现从区域中心向经济中心的转变；加强生态环境保护，加快棚户区改造与老城区更新，弘扬历史文化，保护与恢复历史文化名城风貌，建设传统陶瓷文化与现代文明交相辉映、具有高度艺术性的世界瓷都，成为景德镇亮丽的名片。

景德镇连续12届成功举办的瓷博会，成为深化贸易合作、扩大人文交流、展示瓷都形象的重要会展品牌。荣膺"世界手工艺与民间艺术之都"称号，加入全球创意城市网络，并借此平台与国内外69个城市建立了广泛联系。成为联合国海陆丝绸之路城市联盟首批创始成员。2015年承办了首届驻华外交官"中国文化之旅"交流活动和第六届世界缅华同侨联谊大会，举办了御窑遗址与故宫瓷器对比展、"中国文化遗产美术展"等展览。

近年来，景德镇市大力推进"大陶瓷""大旅游"等战略的实施，举办以陶瓷为中心的产品博览会、会展、创意展示、陶瓷研发和教学论坛等国际会事，

建立陶瓷古玩与艺术品交易平台，举办展示、拍卖、交易以及各种论坛等活动，加大了与国际陶瓷先进地区的交流，进一步展现了世界瓷都的新形象。

三、水生态文明建设示范试点

为贯彻落实党的十八大精神，加快推进水生态文明建设，水利部于2013年1月印发了《水利部关于加快推进水生态文明建设工作的意见》，提出把生态文明理念融入水资源开发、利用、配置、节约、保护以及水害防治的各方面和水利规划、建设、管理的各环节，加快推进水生态文明建设。

水生态文明是指人类遵循人水和谐理念，以实现水资源可持续利用，支撑经济社会和谐发展，保障生态系统良性循环为主体的人水和谐文化伦理形态，是生态文明的重要部分和基础内容。水生态文明理念提倡的文明是人与自然和谐相处的文明，坚持以人为本、全面协调可持续发展的科学发展观，解决由于人口增加和经济社会高速发展而出现的洪涝灾害、干旱缺水、水土流失和水污染等水问题，使人和水的关系达到和谐的状态，使宝贵有限的水资源为经济社会可持续发展提供永远的支撑。仅仅把水生态文明理解为"保护水生态"是不全面的，我们倡导的水生态文明的核心是"和谐"，包括人与自然、人与人、人与社会等方方面面的和谐。

当前我国水资源面临的形势十分严峻，水资源短缺问题日益突出，已成为制约经济社会可持续发展的主要瓶颈。水资源节约是解决水资源短缺的重要之举，是构建人水和谐的生态文明的重要措施。党的十八大报告提出"节约资源是保护生态环境的根本之策"，要"加强水源地保护和用水总量管理，推进水循环利用，建设节水型社会"，可见推进水生态文明的重点工作是厉行水资源节约，构建节水型社会，这是建设水生态文明的重中之重。

2013年，江西省水利部门立足"保持鄱阳湖一湖清水"战略制高点，用科学发展观指导水管理的转变，从供水管理向需水管理转变，从水资源开发利用为主向开发保护并重转变，从局部水生态治理向全面建设水生态文明转变。以落实最严格的水资源管理制度为抓手，以水量分配为突破口，推动城镇水务一体化，对水资源进行综合治理、全面节约、有效保护，积极开展水生态文明城市建设，推动 100 多个中心镇开展水生态文明建设。

几年来，江西省在探索水生态文明建设的过程中，通过试点示范、完善体制机制、转变治水理念，实施生态安全工程等措施，走在全国水生态文明建设的前列，积累了一些可贵的经验。

1. 构建人水和谐的水生态文明建设思路

2015 年 8 月，江西省水利厅印发了《关于加快推进水生态文明建设的指导意见》，要求全省水利系统要充分认识加快推进水生态文明建设的重要性和紧迫性，切实增强责任感和使命感，高举生态文明大旗，深入持久地推进水生态文明建设，加快形成人水和谐发展新局面。

2016 年 1 月，江西省水利厅出台《江西省水生态文明建设五年（2016—2020 年）行动计划》，简称水生态文明建设"365 行动计划"，提出了未来五年我省推进水生态文明建设的总体要求和目标，按照"一年见行动、两年见初效、五年见实效"的总体要求，积极转变治水管水理念，高举生态文明大旗，统筹水利建设、管理和改革"三驾马车"，完善水生态文明建设格局，优化水资源配置，逐步建立水生态文明建设制度体系，促进水利可持续发展，逐步实现"人水和谐"的水生态文明建设总目标，并提出 2017 年和 2020 年水生态文明建设要达到的具体指标。

2016 年，江西省还将编制完成《江西省水生态文明建设规划》，完成水生态文明建设的顶层设计。按照市、县、乡、村四级联动总体布局，加快推进南昌、新余和萍乡三个国家级水生态文明城市建设试点工作，持续推进省级县、乡（镇）、村试点建设和自主创建，着力打造一批水生态文明示范乡村。

2. 强化试点示范的带动作用

2014 年 6—7 月，为深入贯彻水利部关于加快推进水生态文明建设工作的要求，积极探索符合我省的建设模式，全面提高我省水生态文明水平，为我省创建全国生态文明示范省奠定基础，江西省水利厅提出市、县、镇、村四级联动的水生态文明建设思路，决定在全省范围开展水生态文明县、乡（镇）、村试点建设和自主创建活动，先后编制并印发了《江西省水利厅推进水生态文明建设工作方案》《江西省水生态文明试点建设和自主创建管理暂行办法》和《江西省水生态文明建设评价暂行办法》。在抓好全国水生态文明城市建设试点的同时，着力推进全省水生态文明县、乡（镇）、村试点建设和自主创建工作。经各市、县水利部门组织上报和调研摸底，江西省水利厅经过遴选，确定了第一批水生态文明建设试点县 3 个、乡（镇）22 个、村 125 个，见表5-1 和表5-2。

表 5-1　第一批水生态文明建设试点县名单

序号	设区市	试点县
1	赣州市	会昌县
2	萍乡市	莲花县
3	九江市	共青城市
全省合计		3

表 5-2　第一批水生态文明建设试点乡（镇）名单

序号	设区市	县（市、区）	试点乡（镇）	备注
1	南昌市	湾里区	太平镇	
2	九江市	德安县	丰林镇	
3		修水县	竹坪乡	
4	上饶市	万年县	大源镇	
5		婺源县	珍珠山乡	
6		玉山县	双明镇	
7	抚州市	崇仁县	六家桥乡	
8		宜黄县	棠阴镇	
9	萍乡市	湘东区	麻山镇	
10	吉安市	安福县	洲湖镇	
11		青原区	富田镇	
12		遂川县	雩田镇	

序号	设区市	县（市、区）	试点乡（镇）	备注
13	赣州市	赣 县	伍云镇	
14		兴国县	高兴镇	
15		宁都县	黄陂镇	
16		上犹县	梅水乡	市水保局指导
17	宜春市	靖安县	高湖镇	
18		宜丰县	潭山镇	
19		铜鼓县	大塅镇	
20	景德镇市	浮梁县	蛟潭镇	
21	鹰潭市	贵溪市	塘湾镇	
22	新余市	分宜县	双林镇	
全省合计			22	

2015 年 4 月 28 日，江西省水利厅印发《江西省水利厅关于命名第一批省级水生态文明乡（镇）、村的通知》，确定了景德镇浮梁县瑶里镇等 5 个乡（镇）和抚州市金溪县秀谷镇徐坊村等 14 个村为我省首批水生态文明乡村，选择的 5 个乡（镇）和 14 个村，基础条件较好，工作较为扎实，认识比较到位，有地方特色，体现了因地制宜、因水制宜、量水而行的水生态文明建设思路，在全省率先达到水生态文明乡村建设标准，为其他地方提供了示范借鉴。

3. 创新体制机制，提升水生态文明建设效力

2009 年底，国务院批复鄱阳湖生态经济区规划，将建设鄱阳湖生态经济区上升为国家战略，率先在江西探索生态与经济协调发展的路子。为此，江西省先后出台《江西省湿地保护条例》《鄱阳湖生态经济区环境保护条例》《"五河一湖"及东江源保护区建设管理办法》等规章制度，为保护鄱阳湖一湖清水提供法律保障。

为了加快转变经济发展方式，保护鄱阳湖江西省出台了《（鄱阳湖）水资源保护工程实施纲要（2011 年—2015 年）》，划定了水资源管理开发"三条红线"（利用红线、用水效率红线、限制纳污红线），将水资源的开发利用、

节约保护主要指标的落实情况作为地方政府相关领导干部综合考核评价的重要依据。该《纲要》规定：到 2015 年，全省用水总量控制在 300 亿立方米以内，全省一级水（环境）功能区达标率达到 85% 以上，二级水（环境）功能区达标率达到 80% 以上，其中饮用水源区达标率达到 100%，总达标率达到 83%以上；鄱阳湖湖区水（环境）功能区达标率达到 90%，水质常年稳定在 Ⅲ 类以上；万元工业增加值用水量在 2010 年基础上降低 30%，控制在 120 立方米以内，农业灌溉水利用系数达到 0.5 以上。这些指标都已经完成。江西省水利厅表示将继续实行最严格的水资源管理制度，完成 2020 年"三条红线"控制指标分解划定，推动公共机构节水型单位建设形成常态化机制，完成省级以上水功能区确界立碑，完成 5 个国家级重要饮用水水源地安全保障达标建设。

2015 年，江西省委、省政府出台《江西省实施"河长制"工作方案》，全面实施"河长制"，着力构建省、市、县、乡、村五级"河长"的组织体系。"河长制"成为江西省生态文明先行示范区建设制度创新的重点和亮点，受到水利部等部门和社会各方面的广泛肯定。

新修订的《江西省水资源条例》将于 2016 年 6 月 1 日起实施。2016 年还将完成《江西省河道采砂条例》立法，将进一步清理和调整行政审批事项，研究建立"事中事后监管责任清单"，大力推进水利综合执法和网格化管理。建立健全严重水事违法案件移送司法制度。加快水行政执法基础设施建设，提升水行政执法能力。江西省水利厅强调将总结推广南昌、九江等地的经验，坚决执行河道采砂统一规划和总量控制制度，加强砂石市场管理，推动非法采砂入刑。

根据全省水域水功能区划，江西省全面清理了赣江、抚河、信江、饶河、修河"五河"源头及其干流、鄱阳湖滨湖 1 公里范围内及东江源头的污染企业。进一步规范入河排污口设置审批和监管。建立健全涉河建设项目制度，推进河道堤防管理规范化建设，逐步建立河湖日常巡查责任制。开展河湖水域岸线保护和利用规划编制工作，严格限制建设项目占用水域，防止现有水域面积衰减。

与此同时，江西正全面推进小型水利工程管理体制改革。推进4个国家农田水利设施产权制度改革和创新运行管护机制试点、3个国家水权试点、2个国家河湖管护体制机制创新试点改革。

4.实施重点生态安全工程，夯实水生态文明建设基础

加快防洪安全工程建设，重视水利工程与生态环境保护的结合，科学布局一批重大水利工程建设，重点实施"一江一湖""百河千圩"等防洪整治工程。

推进供水安全工程建设，着力优化水资源配置，全面增强水资源合理调配与高效利用能力，重点实施"十亿水源""百万灌溉"和"农饮巩固"等供水安全工程。

积极推进污水处理设施建设，大力实施污水配套管网工程，促进污水再生水利用。到2017年，实现全省工业园区污水处理设施建设全覆盖，城镇生活污水集中处理率达到85%以上，再生水利用率达到9%。

大力推进南昌市、赣州市国家餐厨垃圾资源化利用和无害化处理试点工作。着力推进农村人居环境综合治理，积极推广农业面源和农村生活污水与垃圾处理适用技术，按照"户分类、村收集、镇搬运、县处理"的模式，加大农村生活垃圾收运和无害化处理力度。

开展鄱阳湖流域水土流失综合治理，实施赣江中上游国家水土保持重点建设工程、国家农业综合开发水土保持项目和坡耕水土流失综合治理试点等。加强环境监测，环鄱阳湖各设区市全部建成污染源自动监控平台，实现对企业全天候动态监控，环鄱阳湖地区国控、省控企业均建成自动监控系统。

实施土壤重金属污染修复工程，推进赣江源头、乐安河流域、信江流域、袁河流域、湘江源头等区域修复治理历史遗留重金属污染。支持鹰潭、新余、萍乡等地开展农村重金属污染耕地农业结构调整试点。实施历史遗留废弃矿山和国有老矿山地质环境恢复治理工程，防止重金属对河流水系和土壤的污染。

着力改善城乡人居环境。以"净化、绿化、美化"为重点，全面推进城

乡人居环境综合整治。保护和扩大城市绿地、水域、湿地空间，着力推动城镇湿地公园和绿化工程建设，提升人居生活环境绿化质量。到 2020 年，全省城市建成区绿地率达到 43%。统筹城乡环保设施建设，推动城镇污水收集管网、垃圾收运体系向城乡接合部延伸。

5.开展水利旅游，增进民生福祉

江西水系发达，河流纵横，湖泊众多。丰富的水资源是江西省旅游的一大潜在优势，总体上表现为水量丰、水态美、水质好。在旅游特性方面，又有水系完整、水体众多、山水相依、水文化融入寻常百姓家等特点。江西有 86 座天然湖泊、967 条河流、10819 座水库，在江西大地上织就了一张宽阔的水网、一个明媚的水乡。通过与旅游的融合，江西的水将焕发勃勃生机。

2012 年 11 月，江西省政府出台了《关于加快发展山水旅游的若干意见》，明确了发展目标，出台了相关支持政策措施。省财政每年在省级水利资金中专项列支 1000 万元用作水利风景区和水利经济发展专项资金。为加大水利风景区的申报力度，江西省水利厅下发了《关于进一步加大水利风景区申报力度的通知》，并建立扶持鼓励制度。

截至目前，江西省已有 36 处国家级水利风景区，分别是：上游湖风景区、景德镇市玉田湖水利风景区、白鹤湖水利风景区、井冈山市井冈冲湖、南丰县潭湖水利风景区、乐平市翠平湖水利风景区、南城县麻源三谷水利风景区、泰和县白鹭湖水利风景区、宜春市飞剑潭水利风景区、上饶市枫泽湖水利风景区、铜鼓县九龙湖水利风景区、安福县武功湖水利风景区、赣州三江水利风景区、景都昌县张岭水库水利风景区、萍乡市明月湖水利风景区、德镇市月亮湖水利风景区、会昌县汉仙湖水利风景区、赣抚平原灌区水利风景区、星子县庐湖水利风景区、宜丰县渊明湖水利风景区、新建县梦山水库水利风景区、新建县溪霞水库水利风景区、武宁县武陵岩桃源水利风景区、九江市庐山西海水利风景区、万年县群英水库水利风景区、玉山县三清湖水利风景区、广丰县铜钹山九仙湖水利风景区、弋阳龟峰湖水利风景区、德兴凤凰湖水利风景区、宁都赣江源水利风景区、新干黄泥埠水库水利风景区、吉安螺滩水利风景区、武宁西海湾水利风景区、德安江西水保生态科技园水利风景区、瑞金陈石湖水利风景区、南城醉仙湖水利风景区。

根据江西省水利风景区建设及水利旅游工作规划，2015年，全省以4条主要精品旅游线路为依托，以大中型水库和城市水域（水体）为重点，大力发展旅游业。至2020年，打造国家级水利风景区38处、省级水利风景区66处。至2030年，建成覆盖全省主要河流、湖泊和大中型水库，布局合理、类型齐全、特色明显、管理科学的水利风景区网络。重点对半小时车程内的水库和城市水域（水体）加大投入，建成旅游景区，为民众提供更多的休闲产品，提高人民的幸福指数。

四、生态文明建设的制度创新

1. 河长制

"河长制"是对管辖范围内的河道（包括湖泊、水库等）逐条明确由各级党政领导担任河长，负责落实各个河道的整治和管理等各项工作措施，以实现河道水质与水环境的持续改善，维护河道长效管理、河道健康，保障和促进经济社会和生态环境协同高效发展的河流治理制度。

近年来，一些地方积极探索建立"河长制"，在全面加强河湖整治与管理方面创造了新的经验。"河长制"是江苏省无锡市在处理太湖蓝藻事件时首创的。2007年太湖蓝藻事件爆发后，无锡市政府采取积极应对措施，出台了《无锡市河（湖、库、荡、汊）断面水质控制目标及考核办法（试行）》。该文件明确指出：将河流断面水质的监测结果纳入各市（县）、区党政主要负责人政绩考核内容。这份文件的出台被认为是无锡市"河长制"的起源。

目前，江西省已经建立县级"河长制"，该组织体系由省委书记担任省级"总河长"、省长担任省级"副总河长"，党政四套班子7位省领导分别担任赣江、抚河、信江、饶河、修河、鄱阳湖、长江江西段省级"河长"。23个单位为责任单位，设区市市长、县（市、区）长为辖区"河长"，江西省构建的区域和流域相结合的"河长制"组织体系，在全国覆盖面最广、规格最高、体系最完善。

2015 年 11 月，江西省委、省政府两办联合印发《江西省实施"河长制"工作方案》，这份文件的出台表明江西省在"保护水资源、防治水污染、维护水生态"方面避免走"先污染后治理"之路的制度创新。

江西的"河长制"不是首创，但有新意，在全国覆盖面最广、规格最高、体系最完善。全国不少地方都实行了"河长制"，但大多重在治理。相比其他省份的"河长制"，江西实行"河长制"更突出"保护在前，制度先行"，亮点在于"高位推进，全面覆盖"。省委书记任"总河长"，省长任"副总河长"，7 位副省级领导分别担任"五河一湖一江"的"河长"，打造河湖管理的最强团队，结束了 23 个省直责任单位"多龙治水""群龙无首"的局面。

对未来的发展，江西计划在全省境内河流湖泊全部实施"河长制"，构建省、市、县（市、区）、乡（镇、街道）、村五级"河长"组织体系。2015 年江西省建立了县（市、区）级以上三级"河长制"组织体系；到 2017 年，全省全面实施"河长制"。而且江西将建立"河长"考核惩奖机制，以水质水量监测、水域岸线管理、河湖生态环境保护等为主要考核指标，健全河湖管理与保护"河长制"绩效评价体系，考核内容将纳入省政府对市县科学发展综合考核评价体系和生态补偿考核机制。对因失职、渎职导致河流湖泊遭到严重破坏的，依法依规追究责任单位和责任人的责任。

江西在积极推进"河长制"的过程中积累了一些经验，"河长制"作为一种水环境治理的新型制度，在实践过程中确实取得了显著的成效：使河流治理的职责归属明确、权责清晰，消除了多头治理的弊端；把"生态环境"的行政级别提升到"经济发展"同样的级别，有效地提高了河流管理和保护的效率。

2. 林权改革与林权交易

江西的森林覆盖率达到 63.1%，居全国第二。活立木蓄积 44530.5 万立方米，林地面积 1072.0 万公顷，有林地面积 918.5 万公顷。2009 年全省森林生态系统综合效益为 12946.83 亿元。丰富的动植物资源、优美的生态环境已成为江西对外展示形象的靓丽"名片"。江西省委、省政府确立的"生态立省、绿色发展""建设绿色生态江西"等重大发展战略，集体林权制度改革，造林绿化工程实施，天然阔叶林禁伐，生态公益林保护，退耕还林、长防林、珠防林等林业重要生态工程实施，森林公园和自然保护区建设，在森林资源培育和保护方面发挥了重要作用，取得了明显成效，为巩固和发展江西的生态优势奠定了坚实的基础

江西省于 2004 年率先开展了以"明晰产权、放活经营、减轻税费、规范流转"为主要内容的集体林权制度改革。林权改革率先在 8 个县先行试点。奉新、铜鼓和武宁 3 个县是江西省的重点林业县，山林面积均在 10 万 hm^2 以上，集体山林面积所占比重均超过 97%，森林覆盖率在 60% 以上。3 个县活立木蓄积量合计为 1 695 万 m^3，占江西省总量的 4.79%；毛竹蓄积总量为 15052 万支，占江西省总量的 10.03%。2004 年 8 月，奉新、铜鼓、武宁 3 个县被江西省政府确定为集体林权改革试点县。到 2007 年底，3 个县的集体山林全部进行林改，分山到户率均在 87.5% 以上，比全省平均数 82.5% 高出 5 个百分点；林权证发放率在 98.7% 以上，比全省平均数 60.5% 高出 38.2 个百分点；纠纷调处率均为 98% 以上，比全省平均数 94.3% 高出 3.7 个百分点。

温家宝总理在 2007 年 4 月视察武宁县时对当地的林改工作给予了高度评价，要求"要像宣传当年的小岗村一样，宣传江西、宣传武宁的林改经验"。江西林权改革的成功为其他各省市的改革提供了"江西样板"。其主要经验有：

总体规划，分步实施。为了使改革能够顺利安全进行，江西省林改采取了分步实施的办法，先设立试点，试点成功后在全省推开。经过全面调查和精心准备，2004 年 9 月，江西省林业产权制度改革正式启动，铜鼓、黎川、武宁等 7 个林业县率先进行改革，其主要内容包括："明晰产权、减轻税费、放活经营、规范流转"四个方面，力求做到"山有其主、主有其权、权有其责、责有其利"，明确产权，权责清晰。在此基础上，林权改革于 2005 年 4 月在全省全面推开。

还权于民，民主进行。在林改中，江西省依据《村民委员会组织法》，把决策权还给人民群众，充分体现大多数群众的意愿，保障广大林农的知情权、

参与权、监督权。制定改革方案之前要张榜公布山林权属现状，勘界勾图之后要张榜公布林权落实的户主姓名、坐落位置和实际面积等。这些保障措施让广大林农在林改中可以充分行使自己的民主权利，保证了改革内容和过程的公开透明、公平公正，使林权清晰、权责明确。

规范操作，有法必依。江西省在林权改革中根据相关林业法律法规、技术规范以及江西省委、省政府《关于深化林业产权制度改革的意见》，专门制定了《林业产权制度改革确权发证操作规范》，对确权发证的范围和对象、发证机构的组建、林权边界勘察的步骤以及发证资料的建档、工作质量的检查、发证之后的后期管理等都做出了详尽的规定。按照这些规范和制度进行具体的改革操作，保证了改革工作的有序进行。

增强保障，稳定推进。为了使改革措施不被群众误解，防止大规模的乱砍滥伐现象发生，江西省做了两项工作：一是把宣传发动工作彻底做到位，各地通过各种手段、形式、方法，将改革的意义、政策、措施、原则、办法、过程等说深说透，形成强大的舆论氛围，使之家喻户晓、人人皆知，让群众理解改革、支持改革；二是把山林纠纷调处摆到十分突出的位置，坚持分工负责、分级调处，把矛盾和纠纷化解在基层、化解在萌芽状态。

江西林权制度改革取得了成功，使林业林农收入快速增长：一方面，政府严格执行林业税费减免政策，减轻了林农的负担；另一方面，改革使林业经营更加灵活，木竹价格以及林地流转价格大幅度上涨。林改后，林农保护林业的意识逐渐增强，在发展经济的同时注重保护绿色生态环境，真正做到了经济和生态协调发展。江西省实施的集体林权制度改革，坚持彻底地还权还利于民，实现了"山定权、树定根、人定心"，受到广大林农群众的衷心拥护，群众对林改的满意率达到98.6%。

2009年，在整合全省县级林权交易中心的基础上，江西成立了全国第一家省级统一管理、辐射周边省市的区域性林权交易平台——南方林业产权交易所，实现了森林资源网上交易。目前，全省已开展林地、林木等林权交易3000余宗，成交200多万亩，累计开展林权抵押贷款服务涉及金额100多亿。

2011 年 4 月，由南方林业产权交易所和北京环海投资管理中心共同投资组建的南北联合林业产权交易股份有限公司成立，成为江西省林权市场迈向资本市场的标志性一步，成为建立全省统一、规范、活跃并辐射南方乃至全国的区域性林权市场的重要平台，成为吸引各类社会资本进入林业行业的重要渠道。

2016 年，江西省林业厅印发了《江西省集体林权流转管理办法（试行）》，相比以前的林权改革，《办法》一大亮点是，鼓励林权采取林地股份合作社、家庭林场、企业 + 合作社 + 农户（家庭林场）、村（组）代理、承租倒包及林业专业合作社、托管、互换并地等多种形式，向专业大户、家庭林场、农民合作社、林业企业流转，发展林业适度规模经营。

江西省在推进林地流转深化集体林权制度改革过程中，还将鼓励和引导采取多种形式，发展林地适度规模经营；完善林地确权登记发证工作，建立健全林地流转公开市场，创新林地流转管理手段，强化林地流转纠纷调处机制；培育新型林业经营主体，壮大特色优势产业，促进农民增收致富；创新生态公益林经营管理，改革商品林采伐管理制度。

3. 生态补偿

探索建立生态补偿机制是江西省生态文明先行示范区制度创新的一大亮点。近年来，江西在流域、湿地、公益林三个领域生态补偿机制建设方面进行了积极探索。

第一，流域生态补偿机制方面。2008 年，江西省开展了赣江流域水资源生态补偿机制的研究，为开展试点奠定了基础；2012 年启动了袁河流域的萍乡、新余、宜春三市为期三年的水资源生态补偿试点，在跨市流域生态补偿先行先试方面迈出了重要的一步，使袁河水质恶化趋势得到有效遏制；2013 年提出建立东江源跨省流域生态补偿机制的建议，并编制了《江西东江源生态保护与补偿规划》；2015 年出台了《江西省流域生态补偿办法（试行）》，按照"保护者受益、受益者补偿"的原则，重点补偿"五河一湖"及东江源头保护区和重点生态功能区，实施范围包括鄱阳湖和赣江、抚河、信江、饶河、修河五大河流以及九江长江段和东江流域等，涉及全省100个县（市、区）。首期筹集生态流域补偿资金20.91亿，成为全国生态补偿资金筹集力度最大的省份。加大生态功能区的转移支付力度，对省级自然保护区实施奖励政策，建立"五河"和东江源头生态保护区奖励机制。

第二，湿地生态补偿机制方面。2014年，江西成功争取到国家湿地生态补偿政策在鄱阳湖国家级自然保护区试点，适时出台了《2014年鄱阳湖国际重要湿地生态补偿试点实施管理指导意见》，指导各试点县的生态补偿工作。

第三，生态公益林补偿制度方面。2005年，江西省启动地方公益林省级森林生态效益补偿机制，并安排省级财政专项资金给予支持。通过中央和省级专项资金的支持，补偿制度建设不断完善，补偿标准不断提高，由平均每亩17.5元提高到平均每亩20.5元。生态公益林保护成效显著，公益林补偿面积不断扩增，纳入国家和省级补偿范围的公益林面积由最初的1900万亩扩大到5100万亩，占全省林地面积的32%。

第三节 "江西样板"的共性特征

"环境就是民生，青山就是美丽，蓝天也是幸福。要像保护眼睛一样保护生态环境，像对待生命一样对待生态环境。着力推动生态环境保护，走出一条经济发展和生态文明相辅相成、相得益彰的路子。"从20世纪80年代实施的"山江湖工程"，到进入新世纪以来提出"既要金山银山，更要绿水青山"和鄱阳湖生态经济区建设等一系列发展理念和战略，再到近几年的"河长制""水生态文明建设"以及"林权改革"等，种种措施表明绿色生态已融入江西经济发展的"血液"，生态立省、绿色发展江西一直在路上。无论是"山江湖工程""水生态文明试点建设"，还是"河长制""林权改革"及"小流域综合治理"等"江西样板"的具体举措，都具备鲜明的特征。

一、绿色发展理念引领

"山江湖工程"的"治湖必须治江，治江必须治山，治山必须治穷"的基本原则、"水生态文明试点建设"的"人水和谐"目标，"产业更强、城市更美、文化更特、生态更优、民生更实"的资源城市发展重点等等，所有成功的经验都遵循了"创新、协调、绿色、开放、共享"五大发展理念及江西省的"发展升级、小康提速、绿色崛起、实干兴赣"十六字方针，协同推进了"人民富裕、国家富强、中国美丽"的江西行动，符合生态环境、绿色产业、生态文明、生态福祉的要求。

二、重点项目示范带动

早期"山江湖工程"的红壤丘陵开发治理、山区小流域综合治理、湖区平原开发治理等系列生态环境整治工程，先后实施了一大批重大生态经济工程（项目）。1990 年以前以国土整治开发、灾害防治为主；1990—2000 年以生态环境建设和生态农业开发为主；2000 年以后，以更高的标准发展生态经济。大项目成为"山江湖工程"的支柱，通过大项目的实施解决流域经济社会发展和生态环境保护中存在的突出问题。各地在保护生态环境上推进"净空、净水、净土"行动，大力推进重大生态工程建设，比如新余全面启动了战略新兴产业重点工程、现代服务业集聚建设工程、现代农业体系建设工程等十大重点工程，目前重点项目数量达到了 289 个，总投资额达 232.89 亿元。

近三年来，全省累计实施 170 个重点示范建设项目，改善生态环境质量，提升生态安全稳定性，让青山、碧水、蓝天成为亮丽名片。

三、科学定位规划先行

不管是"复兴千年古镇、重塑世界瓷都、保护生态家园、建设旅游名城，打造一座与世界对话的城市"，还是宜居宜业宜游的"山水武宁"、"鄱湖明珠·中国水都"、"建设环湖一条路，沿湖一片绿，依湖一批景，连湖活水系，靠湖聚财富"的水城理念、"文化名城、宜居城市"等等战略构想和城市发展定位，都是把以人为本、科技创新、生态文明摆在更加突出的位置。从各地推进生态文明建设的成功经验看，最重要的一点是从规划抓起，对发展绿色城市进行整体系统规划，并在方方面面部署重点工程。比如武宁县建设"水生态文明示范县"，每实施一项城市建设项目，规划方案和景观设计都要同步进行，作为出让土地的前置条件，规划的调整和修改完善要先听取专家的意见，并经过集体研究批准后才能实施，所有建设必须严格执行规划。建设的效果要努力实现建筑物与景观生态和谐相融，人与自然和谐共生。所有建设都要尽可能做成精品，条件不具备的可暂时不建，不要人为留下遗憾。

四、顶层推动制度保障

从"江西省人民政府赣江流域与鄱阳湖区开发治理领导小组"到"江西省山江湖开发治理委员会"，到"市、县、乡、村四级联动"的水生态文明建设领导架构，再到省委书记担任省级"总河长"、省长担任省级"副总河长"，党政四套班子7位省领导分别担任赣江、抚河、信江、饶河、修河、鄱阳湖、长江江西段省级"河长"，设区市市长、县（市、区）长为辖区"河长"的江西省构建的区域和流域相结合的"河长制"组织体系，以及省委书记和省长分任组长和第一副组长的生态文明先行示范区建设领导机构，都是江西生态文明建设得到有力推进并取得显著成绩的重要保证。围绕国家要求重点推进的生态补偿、河湖管理与保护、生态文明建设考评体系等方面出台了一系列走在全国前列的制度和管理办法，形成了有利于"美丽中国，秀美江西"生态文明建设的体制机制。从2013年开始，江西对100个县市区实行差别化分类考核，调动各地抓生态的积极性，江西省已在全国率先建立"绿色"市县考核体系，不唯GDP论英雄。比如江西资溪县对领导干部实行"生态审计"，近三年有30名干部因生态保护成绩出色得到提拔重用，18名干部因审计不达标而受到免职、降级等处罚。江西省闯出了一条生态文明新路，形成了可复制、可推广的制度成果，用制度保护环境。这是生态文明建设"江西样板"的最大价值所在。

五、生态优先福祉为重

从一开始，"山江湖"综合开发治理工程的负责人就由省委、省政府主要领导担任，统筹、指挥、协调众多职能部门，力求走出治山、治水和治贫综合整治，生态效益、经济效益和社会效益统一的良性发展之路。2005年和2006年，联合国可持续发展实施目标国际研讨会、第十一届世界生命湖泊大会相继把会址选在江西。联合国粮农组织驻华代表达尔说："无论发达国家还是发展中国家，都应该学习山江湖工程在发展中注重生态恢复和扶贫攻坚的先导精神。"最近几年，江西实施"净水、净土、净空"工程，很多地区高举"生态立县，绿色发展"战略，本着"宁可发展速度慢一点，也要保护好生态环境""绿富美"的发展理念，以开展"净空、净水、净土"行动为抓手，加大防治空气、水和土壤污染的力度，有效减少污染物排放，各市县城区均已具备污水集中处理的能力。南昌市目前生活垃圾无害化处理率达100%。新余2015年实施了35个重点减排项目，凡是在预审过程中不符合环境要求的都不予立项，2015年一年否决了120个项目。

"留住得山、看得见水"，推进生态文明建设，根本目的在于增进人民群众的生态福祉。"江西样板"坚持绿色民生观，大力建设绿色城镇、美丽乡村。通过美丽乡村建设，江西已有52879个自然村、600个左右的集镇启动了农村清洁工程建设试点。不少乡村青山环抱、绿水围绕、环境优美，一派世外桃源景象。比如，持续的生态建设让江西婺源县获得"中国最美乡村"美誉，因生态而兴的乡村旅游业已成为当地主导产业，婺源县有8万多人从事旅游相关行业，约占全县人口四分之一。武宁县没有选择大干快上、大拆大建的传统对接模式，而是坚持走生态优先、绿色发展之路，把生态做成品牌、把园区做成城区、把城区做成景区、把健康养生做成产业、把民生工程做成民心工程。生态环境一头连着人民群众生活质量，一头连着社会和谐稳定，保护生态环境就是保障民生，改善生态环境就是改善民生。

六、资源节约产业转型

景德镇资源城市转型取得成效的重要原因之一就是将资源消耗型城市向文化创意经济引领的循环经济城市转型，用少量的瓷土创造更高附加值的产品，资源由高消耗转向低消耗，实现高附加值替代低附加值的循环经济转型。受钨矿资源的枯竭形式所迫，中国钨业的开山鼻祖和中国钨业发祥地大余县也开始了"节约资源·产业转型"之路，把经济转型重点放在钨及有色金属深加工、新材料、新能源、新医药、旅游工业和精细化工六大新型接替产业，不断培育现代农业，繁荣现代服务业，大力实施矿山裸地复绿工程，积极发展碳汇林业。新余是节能减排财政政策示范城市和国家新能源科技城，在打造绿色低碳发展的集聚区方面，全力推进绿色产业集聚升级，重点发展装备制造、光电信息、新材料、光伏发电应用等新兴产业，打造全国重要的新能源应用、节能减排示范基地。突出绿色转型，加快发展现代服务业和特色生态农业，逐步实现生产、消费、流通各环节的绿色化、低碳化、循环化。

绿色发展，就是把绿色理念融入产业发展升级，是生态文明建设的核心和关键，在全面改善生态环境的同时，对既有的产业进行"绿色化"改造，全面促进国民经济和社会发展的"绿色化"转型。江西的生态文明先行示范区要着力构建低碳循环的绿色工业体系、生态有机的绿色农业体系、集约高效的绿色服务业体系，协调推进新型工业化、信息化、城镇化、农业现代化和绿色化。江西的绿色产业发展一直在路上，任重道远。

第四节　"江西样板"建设标准的初步设想

2015年7月，江西省委十三届十一次全会对绿色崛起作出专门部署，省委书记强卫强调了四个方面内容：一是绿色崛起的路径是绿色发展，绿色发展的关键是构建绿色产业体系；二是巩固和提升我省生态优势是推进绿色崛起的重要任务，也是衡量绿色崛起的重要标准；三是建设生态文明先行示范区，就要抢占先机，闯出一条生态文明建设新路，就要走在前列，形成可复制、可推广的制度成果；四是良好的生态环境是最公平的公共产品，是最普惠的民生福祉。

2015 年底在武宁召开的全省生态文明建设现场推进会上，强卫书记强调要抓好"五个协调共进"：生态文明建设与经济发展协调共进，生态文明建设与产业转型协调共进，生态文明建设与新型城镇化、新农村建设协调共进，生态文明建设与民生幸福协调共进，生态文明建设与提高社会治理体系和治理能力现代化协调共进。

一、"江西样板"建设的基本要求——"五个协调共进"

生态文明建设与经济发展协调共进。一方面充分发挥生态优势，加快构建生态有机的绿色农业体系、环境友好的绿色工业体系、集约高效的绿色服务业体系，推进生活方式绿色化，积极引导绿色消费、节约消费、适度消费，开辟具有自身特色的真正能改善自然生态环境和人民生活的"绿色产业"和"绿色产品"，大力发展循环经济，着力培育壮大绿色生态经济。另一方面，要把增长效益转化为生态效益，始终坚持保护优先，运用新理念谋划绿色产业，运用新技术提升生产方式，建立体现生态文明要求的目标考核体系，用经济增长收益反哺大自然。

生态文明建设与产业转型协调共进。要以生态文明建设倒逼产业转型，以产业结构优化推动资源利用方式转变，走科技含量高、经济效益好、资源消耗低、环境污染少、人力资源优势得到充分发挥的现代产业发展道路。积极化解产能过剩矛盾，加快发展低能耗低排放产业，调整优化能源消费结构。长期以来，江西工业产业结构不够合理，重化工、资源能源产业占主导，存在层次不高、竞争力不强、集聚性差、创新驱动不足等问题。2014 年，全省六大耗能行业增加值占规模以上工业增加值 39.6%，高新技术产业增加值仅占25.2%。在生态文明建设的要求下，江西必须绿色转型。绿色产业应该包括生态农业、生态旅游、生态休闲、虚拟创意产业、会务会展产业、文化娱乐产业、影视传媒、金融服务、社区服务、家政服务等等。目前这些产业在江西都有不同程度的发展，而问题的关键在于如何使这些产业发展壮大并成为江西的主导产业。

生态文明建设与新型城镇化、新农村建设协调共进。要把生态文明理念融入新型城镇化和新农村建设，合理布局城乡空间，尽量减少对自然的干扰和损害，形成农村园林化、城区景观化的秀美风貌。注重挖掘地域特色，逐步实现一个市县一个规划、一张蓝图，努力构建集约高效的生产空间、宜居适度的生活空间、山清水秀的生态空间。生态村镇示范工程是生态文明先行示范县建设的重要抓手，《江西省省级生态村创建标准（试行）》规定了6类15项考核指标，申报基本条件有四个方面：一是制定符合区域环境规划总体要求的生态村建设规划或社会主义新农村建设规划，规划要科学，布局要合理，村容要整洁，宅边路旁要绿化，要水清气洁；二是村民能自觉遵守环保法律法规，具有自觉保护环境的意识，近三年没有发生环境污染事故和生态破坏事件；三是经济发展符合国家的产业政策和环保政策；四是有村规民约和环保宣传设施，倡导生态文明。

生态文明建设与民生幸福协调共进。要增进人民群众的生态福祉，让良好生态环境成为生活质量的新增长点，实现生态美与百姓富的有机统一。江西生态环境好，但生态环境好并未给江西带来人气回流和汇聚，一个重要原因在于江西生态环境的好仅体现在"山江湖"上，而人口集聚、产业集聚的城市则谈不上"生态好"。所以，"绿色"功夫要主要用在城市上，将绿色、生态宜居理念等贯穿到以南昌为代表的大中城市建设上。在当前全国城市化浪潮汹涌的状态下，要让我们的城市在热潮中冷静下来，打造生态的、宜居的、没有城市内涝的精致"生态城""湿地城""幸福城""休闲城""娱乐城"。在城市生态、城市环境、城市交通、城市管理、城市服务、城市设施等建设上静下心来，精雕细作，做好一个个"精品工程"，使群众呼吸到新鲜的空气，喝到干净的水，享受灿烂的阳光，提升群众的幸福感。同时积极倡导植绿护绿、低碳出行、绿色消费等生活方式，在全社会营造尊重自然、热爱自然、善待自然的良好氛围。

生态文明建设与提高社会治理体系和治理能力现代化协调共进。要通过抓生态文明建设，进一步提高社会治理能力，完善现代治理体系。牢固树立法治理念，以贯彻新《环保法》为抓手，铁心硬手加大环保执法力度，认真落实环境保护"党政同责、一岗双责"，确保工作任务层层落实。牢固树立市场意识，鼓励各类投资主体进入环保市场。牢固树立底线思维，加紧划定全省生态红线、水资源红线、耕地红线，在生态环境脆弱的地区，有序实现耕地、河湖休养生息，严格项目环评，完善环境监测网络，发挥考核导向作用，从严控制高耗能、高污染、资源性项目。

二、绿色发展国内外经验与实践——他山之石

1.英国大力发展绿色城市

绿色城市是绿色发展模式的载体，正在引导人们进入崭新的绿色文明时代。英国由于自身地理特点及经济较发达等原因，在绿色城市、绿色建筑方面充分体现了绿色发展的理念和实践。英国首都伦敦在 1965 年之前曾先后发生过 12 起重大烟雾事件，其中 1952 年的烟雾事件造成 12000 多人因空气污染而丧生。严重的环境问题引起英国政府的高度重视，为净化城市空气，英国相继出台了《洁净空气法》和《工作场所健康和安全法》，并采取一系列环保措施优化城市环境。经过长期有效的环境治理，曾经世界有名的"雾都"已经变成一座空气新鲜、环境整洁、绿色宜居的国际名城。2007 年，伦敦市长肯·利文斯通宣布一项综合环保规划，计划 20 年内将二氧化碳排放量减少 60%，把伦敦建成全球最环保的城市。这份综合规划的目标是通过全方位减少个人、家庭、企业和政府的能源需求和消耗，大幅降低二氧化碳排放量。根据规划，约 750 万伦敦居民今后将减少看电视的时间，换用节能灯泡，政府还将提供大量补贴，帮助提高住房的保暖性能，降低能耗。曼彻斯特是英国工业革命的诞生地。长期以来，曼彻斯特市政府不断加大规划和投资力度，并在节约能源、环境改造和绿色经济方面加大改革力度，使曼彻斯特成为以

金融、服务、教育和体育为支柱的多元化的绿色城市。该市的伯丁顿低碳社区始建于 2002 年，是世界自然基金会和英国生态区域发展集团倡导建设的首个"零能耗"社区。该社区在能源利用方面，规划结合环境、社会、经济等不同方面的需求，运用节能技术降低能耗、水耗和汽车使用量，减少碳排放，现在已经成为引领英国乃至全球绿色城市建设与可持续发展的典范。

2.纽约大力发展医疗服务业

纽约不仅重视城市经济功能的实现，还重视城市社会服务、生活质量等多方面功能的融合与共同发展，强大的产业驱动与转型发展需要城市功能的配套和协调融合。纽约重视城市功能的分散与融合，减少区域差异，避免城市功能包括医疗、教育、行政、商务等过度集中在核心区，实现城市的宜居、和谐、绿色转型。纽约在大力发展教育服务业的同时，大力发展医疗服务业，能为纽约市民提供均衡化、全民化、全覆盖的各种医疗保障服务，依靠市场机制，实现医疗服务业的高度发达，为纽约市民享受及时、高质量、全覆盖的医疗服务提供了条件和坚实基础，也进一步促进了城市就业。2010 年，医疗服务业有 60 万雇员，成为纽约就业量最大的产业部门和美国最领先的医疗服务体系。纽约市正着手发展美国最大的生物医药研发基地，利用当地九大学术研究中心和美国最大的医学研究机构，保持纽约生物医药的领先地位。通过包括医疗服务业、教育服务业、金融服务业等在内的诸多服务业均衡发展，促进城市功能的均衡化融合和服务供给，满足城市居民多样化的生活需求，使城市功能更加完善、强大、宜居和惠民。

3.纽约打造生态舒适的绿色城市

绿色发展和转型成为纽约重要方向和基本趋势。在追求价值实现、休闲娱乐、和谐宜居的城市生活的同时，重视对城市环境的改善和生态环境的维护。重视城市绿化美化，重视环境保护，大力发展环保产业和绿色产业，成为纽约现代服务业发展的重要潮流。知识密集型服务业和文化产业的发展必须有利于城市环境的改善，应对全球气候变化需要降低城市能源消耗强度和碳排放，构建低碳、绿色、生态、宜居的现代城市是世界城市转型与发展的潮流，也是纽约在当前城市转型与发展中所表现出来的阶段性特征。纽约在城市转型过程中一直重视城市绿化美化建设，通过屋顶绿化和绿色建筑建设来实现城市的旧城改造。绿色屋顶已经成为纽约的一道亮丽风景线，天台、阳台、墙体、立交桥等建筑空间均通过科学设计和建设成为绿色屋顶。高线公园就是对过去高架铁路线充分利用和绿化建设所打造的世界最长绿色屋顶，绿化了纽约城市空间，增加了城市森林碳汇，降低了碳排放，提升了纽约的国际绿色形象和低碳城市地位。纽约鼓励市民参与绿色屋顶建设，使屋顶具有城市环保、绿色、美观、食品安全、效益等多方面的功效，充当生产安全果蔬的"有机农场"。美国布莱特农场公司在纽约布鲁克林一座建筑屋顶上修建了400平方米温室，预计每年出产30吨果蔬，销往当地菜场和饭馆。纽约城市展现出绿色、生态、舒适、效益等多赢的绿色发展理念。

4. 美国重点提升绿色能源计划

在全球能源趋紧和节能减排的双重压力之下，美国政府把开发绿色能源列入经济刺激计划的重要内容，提出将美国传统的制造中心转变为绿色技术发展和应用中心，在2015年前将新能源汽车的使用量提高到100万辆；在10年内，创造500万个新能源、节能和清洁生产就业岗位。为提高清洁能源的产能，并确保美国在清洁能源经济方面的世界领先地位，奥巴马政府自上任起就开始致力于推动美国向清洁能源经济转型，并将这一战略与刺激经济增长和增加就业岗位的短期政策相结合。

5. 德国重点发展生态工业

2009年6月，德国制定了"经济现代化战略"，强调生态工业政策应成为德国经济现代化的指导方针。为了实现传统经济向绿色经济转轨，德国在注重加强与欧盟工业政策协调和国际合作之外，还计划增加国家对环保技术创新投资，并鼓励私人投资。德国政府希望通过筹集公共和私人资金，建立环保和创新基金，以解决资金短缺问题，以此推动绿色经济的发展。德国环保产业不仅对销售市场至关重要，而且对劳动市场会产生积极影响。由于市场需求增长需要大量专业人才，即使在经济不景气的情况下，其环保行业的就业形势仍能保持有增无减的状态。近几年来，德国环保技术产品在世界市场的占有率达到20%，环保技术领域创造的工作岗位年均增加15%，为德国企业保持在环保技术领域的领先地位奠定了坚实的基础。目前，德国一些科技型公司顺应时代潮流，大力发展新能源和节能型产品，许多企业积极加大自主创新力度，致力于环保技术的开发和应用，取得了很好的效果。

6.湖北武汉积极推动绿色建筑发展

绿色建筑能够有效促进城市环境和生活品质的提高，实现建筑与生态的协调可持续发展。推行绿色建筑，是武汉市两型社会建设的重要内容，也是加快绿色发展的重要举措之一。武汉市积极推动绿色建筑发展，出台了《绿色建筑管理办法》，对绿色建筑的立项、规划、设计、施工、运行管理等环节进行具体规范。该办法规定，中心城区新建单体建筑面积2万平方米上的公共建筑、新建建筑面积20万平方米上的住宅小区应当按照绿色建筑的标准进行规划、建设和管理。由于绿色建筑的初期建设成本较高，该办法还建议政府在政策引导、财政激励、税收减免等方面给予支持和帮助。武汉市2001年开始推行50%建筑节能标准，成效明显。2009年底，又将建筑节能标准提高到65%，居住建筑能耗进一步降低。2008年，该市开始试行绿色建筑，并成为国家第一批可再生能源利用示范城市，建筑节能和绿色建筑工作走在全国前列。

越来越多的国家和地区把绿色发展作为国家和地区发展战略的重要组成部分，从新能源产业、绿色生态工业、低碳循环经济、建设绿色城市等方面进行探索实践，为我们的生态文明先行示范区建设提供了积极的借鉴。

三、"江西样板"建设标准的指标体系——初步构想

本书在国家生态城市建设指标总体框架下，参考国内外有关研究文献和评价考核指标，并结合江西省"十三五"环境保护和生态建设规划及其相应的环境保护指标，参考生态城市指标体系、绿色城市指标体系、宜居型城市指标体系、森林城市指标体系、可持续发展城市指标体系，总结现有生态文明建设指标体系研究成果，提出"江西样板"生态文明建设指标体系，共分为环境、经济、文化、社会、制度5项二级指标、40项三级指标，具体情况见表5-3。其中，标准值主要参照国家生态城市建设标准、国家生态城市经济发达区标准、国际标准、国家环保局制定标准、发达国家生态制度。

表5-3 "江西样板"建设标准指标体系

		单位	标准值	依据
环境指标	污染控制综合得分	50分满分	50	国家环保局制定的标准
	水土流失治理率	%	≥90	外推值
	旅游区环境达标率	%	100	国家生态城市建设指标
	城镇生活垃圾无害化处理率	%	100	国际标准
	环保投资占GDP比例	%	≥3	参照国外城市先进水平值
	废水处理率	%	100	国际标准
	工业废气处理率	%	100	国际标准
	工业固废无害处理率	%	100	国际标准
	城镇人均公共绿地面积	m²	≥11	国家生态城市建设指标
	秸秆回收率	%	100	国家生态县建设指标
	集中式饮用水源水质达标率	%	100	国际标准
经济指标	人均GDP	万元	≥3.3	国家生态城市经济发达区指标
	年人均财政收入	元	≥5000	国家生态城市经济发达区指标
	农民年人均纯收入	元	≥11000	国家生态城市经济发达区指标
	城镇居民年人均可支配收入	元	≥24000	国家生态城市经济发达区指标
	规模化企业通过ISO14000认证率	%	≥20	国际标准
	城市化水平	%	≥55	国家生态城市建设指标
	第三产业占GDP的比重	%	≥45	国家生态城市经济发达区指标
	高新技术产业产值占规模以上工业比重	%	≥35	外推值
	单位GDP能耗	t/万元	<0.9	根据发达国家现状值外推

		单位	标准值	依据
文化指标	文化产业增加值占GDP比重	%	≥2.5	根据发达国家现状值外推
	科技、教育经费占GDP比重	%	≥6	根据发达国家现状值外推
	旅游收入占GDP比重	%	≥14	根据国内优秀旅游城市
	非物质文化遗产保护	–	安全	国际标准
	社会公益占财政支出比例	%	≥40	国际标准
	文明生态村比例	%	≥90	国际标准
	每月每人旅游时间	天	≥4	国际标准
	自然景观所占比例	%	≥66	国际标准
	万人公共图书藏书量	册/万人	340000	东京、汉城、莫斯科的现状
社会指标	环保宣传教育普及率	%	≥85	国家生态城市建设指标
	失业率	%	≤3.5	国际标准
	基尼系数	%	0.3–0.4	国际标准
	恩格尔系数	%	≤40	国际标准
	人均预期寿命	岁	≥78	国际标准
	公众对环境的满意率	%	≥95	根据山东生态省建设规划外推值
生态制度	制度条件	绿色产权制度	基本完备	发达国家生态制度体系
		绿色价格制度	基本完备	发达国家生态制度体系
		绿色资源制度	基本完备	发达国家生态制度体系
		绿色产业制度	基本完备	发达国家生态制度体系
		绿色技术制度	基本完备	发达国家生态制度体系
		绿色产品设计制度	基本完备	发达国家生态制度体系
	规范制度	绿色采购制度	基本完备	发达国家生态制度体系
		绿色消费制度	基本完备	发达国家生态制度体系
		绿色生产制度	基本完备	发达国家生态制度体系
		绿色贸易制度	基本完备	发达国家生态制度体系
		绿色营销制度	基本完备	发达国家生态制度体系
		绿色包装制度	基本完备	发达国家生态制度体系
		绿色标志制度	基本完备	发达国家生态制度体系

		单位	标准值	依据
生态制度	激励制度	绿色财政制度	基本完备	发达国家生态制度体系
		绿色金融制度	基本完备	发达国家生态制度体系
		绿色税收制度	基本完备	发达国家生态制度体系
		绿色投资制度	基本完备	发达国家生态制度体系
	考核制度	绿色国民经济核算制度	基本完备	发达国家生态制度体系
		绿色会计制度	基本完备	发达国家生态制度体系
		绿色审计制度	基本完备	发达国家生态制度体系
	体制安排	体制机构	基本完备	发达国家生态制度体系
		保障制度	基本完备	发达国家生态制度体系

专栏二 小流域综合治理

　　小流域综合治理，是治理水土流失，增强山地蓄水保土功能，改善农业生产条件，促进农村可持续发展的有效途径。以江西省赣州市兴国县为例，兴国县曾因水土流失严重被称为"江南沙漠"。该县于 1983 年被列入全国八片水土保持重点治理县，之后又被列入国家水土保持重点建设工程项目县。三十多年来，该县坚持以小流域为单元，走山、水、田、林、路、草、能、居综合规划的工程措施、植物措施和保护性耕作措施优化配置的技术路线，综合治理花岗岩流失山地，防治水土流失成效显著。三十多年

的实践、众多客观的事实和一组组翔实的数据佐证了小流域综合治理的现实意义之重大。各小流域内新建的小型水保工程如塘坝、谷坊、蓄水池、拦沙坝（坎）具有蓄水、滞洪、拦沙、抗旱之功能，可有效改善农田灌溉条件，提高农业综合生产能力，同时，在山地开挖的竹节水平沟渠可有效拦蓄径流，遏制径流下刷破坏地力，提高涵养水源和地下水位，增强抗旱能力。仅樟江项目区新建的 320 处（座）小型水保工程就可增加蓄水量 3.7 万立方米，减少土壤流失量 14.9 万吨，可改善 7050 亩农田灌溉条件，提高粮食单产。与 1982 年相比，全县粮食单产由 286 公斤上升到 2012 年的 354 公斤。种种数据表明，江西实施小流域综合治理模式，对加快水土流失治理、改善生态环境、促进经济发展起到了关键性的作用。

专栏三　山水武宁

　　建设中的"中国最美小城·武宁"，把城区当景区建，把建筑当景点建，山、水、城融为一体，游、居、业相得益彰。县城规划面积 124 平方公里，其中城市水域面积 54 平方公里，森林植被和景观用地 32 平方公里，生态特色明显。短短 4 年间，已投入近 100 亿元，实施道路、桥梁、公园、广场等十大类近 260 个城市建设项目。建成的西海湾湿地公园、西海明珠、西海大桥、西海燕码头、八音楼等一批重点项目，设计新颖、独具特色，成了山水之城的点睛之笔。山水武宁处处呈现"城在山中，山在水中，水在绿中，人在画中"的美丽景象。在乡村，将农村纳入景区建设范畴，走

现代农业、观光农业、休闲农业发展之路，将农村建成大花园、大观园。村庄、道路、荒山绿化全覆盖。农村居民建房严格按照规划进行，因此随处可见特色各异的农家别墅错落有致地点缀在青山绿水间。武宁县先后荣获第一届最美中国符号品牌榜·最美山水县城、全国首批创建生态文明典范城市、全国生态保护与建设示范区、中国十佳宜居县、江西省最具幸福感城市等称号。

专栏四　景德镇陶瓷创意文化产业

2014年底，景德镇入选联合国教科文组织"全球创意城市网络"成员，并被授予世界"手工艺与民间艺术之都"称号。这是一张把千年瓷都的复兴和繁荣展示在世人面前的新名片。进入新世纪后，景德镇在多年的实践、摸索和转型中找到了一条创新之路，那就是始终立足于瓷业发展，把文化、艺术和生活融入陶瓷产业，实现创意转型，建设一座创意之城、文化之城。通过上下齐心努力，"一轴四片六厂"格局初具规模：一轴指珠山路至朝阳路主干道，集中分布着20世纪50年代兴建的"十大瓷厂"，部、省、市三级陶瓷科研机构，以及全国唯一的陶瓷学院；四片指明清窑作群、红店街、陶溪川、雕塑陶艺村一轴周边的四个文化创意产业发展基地；六厂指建国瓷厂、艺术瓷厂、为民瓷厂、宇宙瓷厂、雕塑瓷厂、景德镇陶瓷厂。在四个文创基地内，有效地利用老厂房、老设备，充分发挥人文历史的特殊作用。如今，十大瓷厂的老厂房依旧矗立，沉寂数年的老厂区青春勃发、生机益然。

第六章

"江西样板"试点建设的建议

江西生态文明先行示范区建设的定位是重点建设好三个区，即中部地区绿色崛起先行区、大湖流域生态保护与科学开发典范区、体制机制创新区。打造"江西样板"一定要总结在绿色崛起、绿色发展过程中积累的生态保护与开发利用的典型做法，找出他们的共性特征，结合地方特色和经济社会发展的实际，以试点示范建设为抓手，发挥先行先试的优势，从"点"推广到"面"，典型带路，以达到建设的最终目标。

一、加快海绵城市建设，打造"绿之城水之韵"的新型城镇

习近平总书记指出，建设生态文明，关系人民福祉，关乎民族未来。习近平总书记于 2013 年 12 月的中央城镇化工作会议上要求，"建设自然积存、自然渗透、自然净化的海绵城市"。2014 年 11 月，住房和城乡建设部出台了《海绵城市建设技术指南》。12 月，住建部、财政部、水利部三部委联合启动了全国首批海绵城市建设试点城市申报工作。

江西作为第一个以国家战略高度全境列入生态文明建设示范区的省份，自觉践行低影响开发理念，以海绵城市建设为突破口和着力点，在生态文明建设与新型城镇化道路深度融合上进行了有益的探索和实践。

海绵城市，国际通用术语为"低影响开发雨水系统构建"，指的是城市像海绵一样，有降雨时能够就地或就近"吸收、存蓄、渗透、净化"径流雨水，补充地下水，调节水循环；在干旱缺水时有条件将蓄存的水"释放"出来并加以利用，从而让水在城市中的迁移活动更加"自然"。海绵城市以建筑与小区、城市道路、绿地与广场、湖泊水系等为载体，通过渗、滞、蓄、净、用、排等多种生态化技术，实现对雨水的自然积存、渗透、净化功能。因此，作为一种新的城市发展理念，海绵城市突破了传统"以排为主"的雨水管理模式，强调采用"低影响开发"（Low Impact Development，LID）理念整合城市雨洪资源，建立新的城市发展模式，实现资源与环境协调发展的目标。广义讲，海绵城市是指山、水、林、田、湖、城这一生命共同体具有良好的生态机能，能够实现城市的自然循环、自然平衡和有序发展；狭义讲，海绵城市是指能够对雨水径流总量、峰值流量和径流污染进行控制的管理系统，特别是针对分散、小规模的源头初期雨水控制系统。建设具有自然积存、自然渗透、自然净化功能的海绵城市是生态文明建设的重要内容，是实现城镇化和环境资源协调发展的重要体现，是今后我国城市建设的重大任务。

（一）赣州不淹之城的生态设计理念

江西省赣州市虽然位于章江、贡江和赣江三面相围合的河套老城区，但是近年来却从来没有发生过内涝性灾难，这主要得益于规划建设有一套古代比较科学合理、顺应自然的城市生态环保排水系统——福寿沟。

福寿沟是北宋熙宁年间（1068—1077）规划建设的，是我国古代城市建设中极有创造性的城市排水雨污合流制综合工程。福寿沟工程主要分为三大部分：一是由矩形断面、砖石砌垒、断面宽大约90公分、高180公分左右的下水道巨型暗沟和一些地面的明沟，将城市的雨水污水收集排放到贡江和章江；二是城里有清水塘、荷包塘、蕹菜塘、花园塘、铁盔塘、凤凰池、金鱼池、嘶马池几十口池塘等城市蓄水水面，这些池塘一方面增加城市暴雨时的雨水调节容量，减少街道淹没的面积和时间，另一方面可用以养鱼，淤泥可用来种菜，形成生态环保循环链；三是建有 12 个防止洪水季节江水倒灌、造成城内内涝灾害的水窗，这种水窗结构由外闸门、度龙桥、内闸门和调节池四部分组成，主要是运用水力学原理，江水上涨时，利用水力将外闸门自动关闭，若水位下降到低于水窗，则借水窗内沟道之水力将内闸门冲开。

福寿沟的建设特点给我们的启示主要有两点：

一是顺应自然、保护自然的开发理念。人类的开发活动或多或少地改变自然生态状态、地形地貌，在排水系统的建设中尽可能地保护现有湖泊、池塘、河流水系等天然调蓄系统，合理利用排水规律，才能最大限度地保护城市自然水循环，降低内涝风险。

二是统筹安排、有效衔接的开发方式。福寿沟系统包括完整的三个子系统——管渠排放系统、池塘调蓄系统和水窗雨洪排放控制系统，三者很好地结合在一起使得福寿沟近千年一直发挥着良好的作用。而我们传统的雨水管理被人为地划成两部分——排水管网和河道防洪，两者由不同专业人员负责设计、维护和管理，设计标准、管理思维上的差异以及行动不一致造成的衔接不顺使得现有排水设施无法充分发挥其功能。因此，海绵城市建设必须坚持统筹安排，规划先行，点、线、面有效结合，形成系统的、立体化水循环生态系统。

（二）江西开展海绵城市建设应注意的主要问题

1. 观念创新：以海绵城市建设引领生态文明城市发展

水是生命之源、生产之要、生态之基，是一座城市最灵动的元素、最宝贵的财富。江西平均年降水量 1600 毫米，相应平均每年降水总量约 2670 亿立方米。河川多年平均径流总量 1385 亿立方米，折合平均径流深 828 毫米，径流总量居全国第七位，人均居全国第五位。全省共有大小河流 2400 多条，总长度达 1.84 万公里，除边缘部分分属珠江、湘江流域及直接注入长江外，其余均分别发源于省境山地，汇聚成赣江、抚河、信江、饶河、修水五大河系，最后注入鄱阳湖，构成以鄱阳湖为中心的向心水系，其流域面积达 16.22 万平方公里。鄱阳湖是中国第一大淡水湖,连同其外围一系列大小湖泊,成为天然水产资源宝库。降水和水系是宝贵的财富资源,具有海绵城市建设的良好基础。为此,我们需要从以下三个方面进行观念创新。

一是敬重自然的规划理念。在敬畏自然、尊重自然、顺应自然中,运用低影响开发理念,借助一系列绿色基础设施技术,改变城市传统的以快排为主的雨水处理方式,通过源头分散、慢排缓释和末端处理,就近收集、存蓄、渗透、净化雨水,修复或维持雨水的自然循环,实现水资源的削峰平谷、污染治理和循环利用。

二是建设"绿之城、水之韵"的生态文明城市。江西拥有优越的自然生态条件,森林覆盖率为63.1%,居全国第二位,全省城市建成区绿化覆盖率达到45.95%,绿地率达42.74%,水资源充沛。江西海绵城市的建设依托水系的自然分割,结合自然生态绿地,运用国际尖端的规划理念,构建现代化海绵城市形态,将城市"摊大饼"分解成组团"微循环",把地面的"大水泥盖子"分解成一个个独立的"海绵体",为海绵城市建设提供规划基础。

三是融入自然的城市建设。依托城市自然肌理,建设湖泊湿地生态景观区、沿河景观带、自然绿廊、中央公园、城市绿环和组团公园、社区公园、绿色市政道路、街头绿地、绿色雨水排放系统,营造层次清晰、架构分明和点、线、面结合的绿地立体开放空间以及城市水循环体系,充分发挥绿地空间的景观、人文休闲和水循环功效,实现城市"海绵体"功能。

2.体系构建:构建海绵城市全方位建设体系

海绵城市建设是一个系统的工程,当前需要以习近平总书记提出的海绵城市建设要求为统领,在住建部《海绵城市建设技术指南》框架下,实现理论化、标准化和系统化,从而建设切实可行的全方位江西省海绵城市建设体系。

一、理论指导体系。海绵城市理论指导体系包括径流量及污染物控制目标、量化控制指标、低影响开发技术适用性分析、海绵城市评价考核方法以及海绵城市设施维护等。海绵城市理论指导应坚持规划先行原则,结合城市生态保护、土地利用、绿地系统、市政基础设施、环境保护等相关内容,合理确定城市年径流总量控制率及其对应量化控制指标。突出面源污染处理、雨水收集利用、暴雨重现期提升等重点问题，进行专题研究，出台因地制宜、经济务实的措施和技法。全省范围内建立必要的雨水利用监测点，对海绵城市设施的水质净化、水量削减、负荷承载等指标进行监测，得到土壤、雨水的相关数据，为海绵城市建设提供科学的依据。

二、技术标准体系。海绵城市建设需要集约化、模块化和标准化。我省应在参考学习相邻省份海绵城市标准化体系建设的基础上，结合自身海绵城市建设实践经验，针对江西省气候、土壤和生态环境特征，尽快出台海绵城市施工图集，以确保政策有效落地。

三、运行维护体系。根据建管结合的原则，积极构建三个体系：一是整体评估体系。目前海绵城市建设还没有一个固定的模式。我省需坚持问题导向，研究并出台相关条例和规范，以绿化率、透水地面率、下凹绿地率、雨水径流控制率、常规污染物去除率等为主体，形成硬约束的指标评价体系，勾勒出海绵城市的基本蓝图；二是建设标准体系。结合实践经验对技术工法进行及时总结提升，出台并制定相关具体海绵城市技术建设指南，自建项目激励性执行，公共项目强制性推广。这些标准，既需要符合国家最新出台的海绵城市建设技术要求，又需要结合江西省环境特性，从而加快海绵城市建设的速度；三是组织实施体系。对海绵城市建设涉及的规划、立项、土地、设计、建设、执法和维护等各个方面，实行全领域管理，加强全流程监督，形成长效机制，完善具有引导性和竞争性的综合治理结构。

3.实践探索：因地制宜打造三级海绵城市建设系统

结合我省优越的自然生态系统，统筹生态文明建设、海绵城市建设和新型城镇化道路探索，因地制宜打造三级海绵城市建设系统。

一是海绵城市的"心脏"——湖泊湿地系统。

我省有着以鄱阳湖为中心的发达的天然水系湿地系统，是区域水循环的核心区，具有优越的雨水调蓄和水生态修复功能。在南方多水地区，地下水位高，雨水下渗作用受到限制，必须充分保护鄱阳湖湿地调蓄空间，整个城市的富余雨水最终汇聚到这里，使它成为调蓄枢纽，最大限度地实现雨水的存储和生态修复。

二是海绵城市的"脉络"——线状绿色排水系统。

线状绿色排水系统主要指排水沟、排水渗渠、植被沟、穿孔管及传统排水管网等组成的立体化雨水利用排放系统。道路是地表径流的重要来源。雨水从道沿豁口流入隔离带下凹式绿地，卵石、炉渣、砂子构成的滤层就像海绵一样净化和存储雨水。多余的雨水通过高于绿地的雨水篦子，部分流入附近的速渗井和调蓄池，多余部分通过传统排水管网排放最终进入湖泊水系。

三是海绵城市的"肌理"——点状海绵城市设施。

点状海绵城市设施主要分散分布于建筑小区、城市绿地、公园广场等公共空间，可对雨水径流进行源头处理，发挥其面源污染削减、雨水下渗和调蓄的作用。点状海绵城市通过线状绿色排水系统和湖泊湿地系统一起构成我省点、线、面一体化的海绵城市生态系统。

营造良好的生态环境是海绵城市建设的根本目标，是最惠普的民生福祉，也是江西省实施绿色崛起战略的主旋律。我省海绵城市建设将探索以人为本的中国特色新型城镇化道路，构建城市生态文明体系，倡导绿色发展，助力美丽江西建设。

二、推广小流域综合治理和精准扶贫相结合，筑牢"山清水秀"的生态基础

习近平总书记指出："牢固树立保护生态环境就是保护生产力、改善生态环境就是发展生产力的理念。"将保护生态环境作为经济欠发达地区发展的基本原则，突出体现了生态文明建设与消除贫困相结合的价值取向。一般而言，越是经济欠发达的地方，对自然资源的依存度越高。只有抓好精准扶贫，减少贫困人口，才能从根本上减轻生态环境的压力，保护好绿水青山。只有抓好生态文明建设，才能改善生态环境，让贫困群众共享"生态红利"。

从实践来看，经济欠发达地区立足生态文明建设，开展精准扶贫，就是要立足生态资源优势，找准扶贫攻坚突破口，以市场为导向，以产业为根本，以制度为保障，实现生态效益、经济效益与社会效益共赢局面。三十多年实践证明，江西的小流域综合治理是治理、开发、保护相结合，生态、经济、社会效益相统一的成功模式。

小流域综合治理指的就是以小流域为单元，结合流域地理环境、资源环境、经济条件，因地制宜地综合规划布置山、水、田、林、路、草、居等用地的植物及工程措施和保护性耕作措施优化配置的技术路线，从而实现以水土保持为中心任务，以增收生态经济效益和实现社会经济可持续发展为目标，以优化农田结构和利用效率及植被建设为重点，建立一种具有水土保持兼高效生态经济功能的特殊的综合治理模式。

（一）江西省小流域综合治理成为发展中国家生态修复和扶贫典范

江西省的小流域综合治理工作起步于 1980 年代。当时兴国县水土流失问题极其严重，其面积之广程度之深实属罕见，解决水土流失问题刻不容缓。1980 年 7 月，国家农委委托长江流域规划办公室为业务负责单位，与地、县在塘背河小流域开展水土保持综合规划治理工作。1983 年，兴国县被列入全国八大片水土保持重点治理区，一期治理工程从 1983 年开始实施，于 1992年结束。一期工程 46 条小流域中有 24 条达到水利部颁布的小流域综合治理标准，其他 22 条小流域也取得了显著效果。此后，赣南地区的水保工作依托国家农业综合开发水土保持等项目，进入了快速发展时期。1993—1997 年实施二期一阶段工程，实施范围扩大到赣南地区贡水流域的 6 个县市（兴国、于都、宁都、瑞金、会昌、石城），涉及 123 条小流域，实现水土流失面积减少 45%，土壤流失量减少 64.9%。1998—2002 年实施二期二阶段工程，赣南实施范围在一阶段的基础上增加了赣县、信丰、龙南 3 县。经过治理，水土流失面积减少 51.6%，年侵蚀总量减少 73.9%。2003 年工程改名为国家水土保持重点建设工程，定 5 年为一期。经过三十多年的不懈努力，赣南 395 条水土流失的小流域得到了综合治理，其中的 36 条小流域被国家财政部、水利部命名为"全国水土保持生态建设示范小流域"。

三十多年来，赣南开展小流域水保综合治理 395 条，小流域总面积约占全市土地总面积的 28%；治理水土流失面积占全市水土流失面积的 60% 左右。赣南对小流域的综合治理，做到了治理、开发、保护相结合，生态、经济、社会效益相统一，工程、生物、耕作措施并举，把小流域建设成为生态和谐、水土资源得到合理利用、各业协调发展的自然生态体系。已治理的小流域大都建成为"三高农业""特色农业"示范样板区，生态和经济效益都非常明显。

比如兴国县在流失山地按照适地、适树、适果原则，因地制宜，采取保护性开发，种植水保林，发展油茶、茶叶、脐橙、苗木等果木林，不仅改善优化了植被条件，而且培育了水保产业，成功拓展了"水保富民"新路径，实现了生态与经济的统一。至 2012 年，全县油茶面积达 57.3 万亩，脐橙面积 8.6 万亩，茶叶、苗木均达到 1 万亩，农村经济特色产业已初步形成，土地利用进一步优化配置，仅章江项目区 8 条小流域种植的油茶、脐橙等经果林就达 421hm²，进入丰产后，亩产值可达 2000 元，年增收 1300 余万元。优化了农村生态环境。水土保持林草措施通过林冠的蒸腾与荫蔽，调节山林的温度和湿度，多种生物群落得到繁衍增加，土质得到改良，气候得到改善，提高了农民人居环境质量。

（二）小流域综合治理的经验

1. 小流域综合治理的成效与科学技术分不开

有效的治理方法需要科学技术作为支撑，赣南 30 年的治理工作依靠的六大关键技术是：水土保持生物措施配置技术、水土保持工程措施配置技术、水土保持综合治理措施优化配置技术、不同侵蚀级别水土保持措施配置技术、花岗岩不同土壤出露层水土保持措施配置技术和紫色页岩侵蚀区水土保持措施配置技术。只有对治理区因地制宜选用合理技术进行优化配置，治理工作才能顺利进行，这对小流域综合治理起到了关键性作用。

2.小流域综合治理的成效与水土流失警示教育分不开

小流域综合治理是一项各级领导干部与人民群众同心合力，一起经过长期合作才能实现的任务。把水土流失警示教育纳入公民道德教育的重要内容，成为赣南地区各县（市）治理水土流失工作的重要环节，并建立起水土流失警示教育基地和生态教育长效机制，增强了干部及民众的水保责任感，从而有利于水保工作的顺利进行，对水保工作起到了基础作用。

3.小流域综合治理的成效与创新、多样的治理模式分不开

为了切实有效地解决资金少、任务重的矛盾，综合赣南地区地理环境因素、社会经济因素、水土资源因素，对治理区域建立起十大特色治理模式：小流域综合治理模式、顶林—腰果—底谷（养殖）立体生态治理模式、现代坡地生态农业技术——前埂后沟＋梯壁植草＋反坡台地、现代坡地生态农业技术——水平竹节沟＋乔＋灌＋草、现代坡地生态农业技术——破面雨水集蓄技术、现代坡地生态农业技术——崩岗综合治理模式、"猪—沼—果"循环经济生态治理模式、"封禁＋补种＋管护"生态修复治理模式、水土流失区植物优化组合治理模式和矿山植被恢复治理模式。这些治理模式都是在治理过程中总结提炼出来的，实践证明对开发治理区的生态修复和生态经济发展起到了举足轻重的作用。

4.小流域综合治理的成效与严格的建后管理制度分不开

治理工程投入了巨大的人力物力，不仅是服务当代的民生工程，更是造福子孙后代的传世工程。治理区各县（市）政府重视对治理工程的保护，加大了水土保持的执法力度，严格有效地防止人为水土流失现象的发生，坚决巩固综合治理的成果。全省各县（市、区）都成立了水土保持监督执法机构，乡（镇）设立水土保持监督服务站，村配备水保管理员，依法采取强制性措施，对有害于水土保持的各类人为活动进行制止处理。切实有效并具有法律强制性的监管制度对水土保持工作起到了保障作用。

5.小流域综合治理的成效与多种有效的公众参与分不开

赣南的小流域治理工作通过发展民众参与式的治理模式，充分调动了群众参与小流域综合治理的积极性，例如"公司＋基地＋农户"综合治理组织管理模式，这种模式容易形成规模治理和种养加、产供销一条龙的水土保持产业体系，既增强了水土保持部门的自身实力，又增加了新的融资渠道，使小流域综合治理更具生命力。各级政府通过制订优惠的"四荒"治理开发政策，利用反租倒包等形式，鼓励一批农户、个私企业主、下岗职工、退休干部积极投入"四荒"的治理开发。大多数专业户都把家安置在山上，发展"庄园"式庭园经济。积极探索"治理一条小流域，建设一个示范基地，扶持一批治理大户，培育一个支柱产业，致富一方百姓"水保"五个一"工程。

（三）江西省小流域综合治理任重道远

赣南水土保持生态建设工作使得赣南地区的自然环境和人居环境得到了进一步的改善。虽然生态环境得到改善，但生态安全的基础并不稳固。随着经济社会的发展，国家及地方政府对基础设施建设的投入加大，但由于各级政府单位及部门之间产权不明晰、流转不畅通、移交不及时等原因，缺乏可执行的管理制度和操作方法，使得水土保持治理成果遭到不同程度的破坏，出现"边治理边破坏""你治理我破坏"等现象，进而造成后期的"重复流失"和"重复治理"行为。小流域综合治理是江西省生态文明先行试点建设的重要保障，为筑牢生态文明建设生态安全的基础，应该注意以下几个方面：

1.注意生态效益和经济效益、精准扶贫相结合

要将生态环境综合整治与农村农业发展、精准扶贫相结合，要按照扶贫对象实际需求和自身特点，围绕饮水、道路等贫困群体最关心的问题，开展小流域综合治理，即要修复生态系统功能，又要加强群众受益最直接的生态环境基础设施建设，提高农村居民的生活生产质量，使贫困群体享受到扶贫的效果。比如兴国县大力开展小流域综合治理，努力打造生态治理修复型小流域、经济产业开发型小流域和水保民生服务型小流域，彰显提升水土保持生态、经济和社会效益，在小流域治理中坚持"生态保护优先,适度适地开发"的理念，以"油茶、茶叶"为主要品种作为小流域治理经济果木林的开发主

导产业，运用"合作社＋基地＋开发户"和"因地制宜分户开发管理"等经营管理方式，在宜林宜果的山地，采取"山顶戴帽保水保土披绿＋山腰人工整地修建反坡梯田＋坎下沟种果或竹节水平沟＋沟头种林果"的开发模式，创办"规模化、集约化、标准化"水保产业开发基地，开发种植油茶6000亩、茶叶600亩。又比如广昌，该县采用的是"山顶水保林戴帽、山坡经果林披腰、园中生产路缠绕、田间渠池塘配套"的方法。这些模式都为当地农民增加了收益，受到农民的欢迎。要善于总结这些模式的成功经验，在全省加以推广。

2. 注意生态修复和改善农村居民生活环境相结合

充分考虑水土资源的承载力，以小流域综合治理为重点，着力改善农村生产生活条件和生态环境，把水土流失治理与水环境保护、人居环境整治相结合，积极探索生态清洁型小流域建设模式。在试点小流域内，建设"生态修复、综合治理、生态农业、生态保护"等各种区域。在"生态修复"区全面封禁，杜绝人为水土流失的发生，发挥生态自我修复的能力，恢复和重建植被；在"综合治理"区开展小流域综合治理，因地制宜实施各项水土保持措施，整治村庄环境卫生，降低水土流失和面源污染程度；在"生态农业"区利用新技术，推广新品种，积极施用有机肥，大力减少化肥、农药施用量，建设绿色生态农业基地；在"生态保护"区的河道两侧及塘库周边保育植被，布设植物缓冲带，清理河道垃圾，衬砌河道护坡，控制水土流失，改善河道水质，维系河道及塘库周边生态平衡。建设美丽乡村，让记忆中"家乡的小河"变成看得见摸得着的一湾清水。实现农村水源清洁、生态优美、生产发展的目标。比如广昌县把水土流失治理与水环境保护、人居环境整治、河道疏通结合起来，项目实施中，按照"山顶—山脚—村庄—农田—河谷"的顺序，建设"生态保护、综合治理、村庄靓化、生态农业、河道整治"5个区域：生态保护区全面封禁，重建原生植被系统；综合治理区以坡面水系工程为中心，控制水土流失；村庄靓化区治污清脏，普遍推行生活垃圾袋装收集及无公害处理，乡乡建有填埋场；生态农业区利用新技术，推广新品种，大力减少化肥、农药的施用；河道整治区清理垃圾，衬砌护坡，控制水土流失，改善水质。

3.注意提升贫困农民的生产技能和公众生态文明意识相结合

加大以生态环保为核心的科技兴农力度。要把生态产业开发转移到依靠科技进步和提高劳动者素质上来。一方面加强对贫困农民扶贫技能培训，调动贫困农民利用生态建设增收的积极性，努力转变农民种养观念，推广生态农业科技，实行生态种养，以科技服务促进贫困农民增产增收；另一方面又要抓好治理村镇卫生环境这个重点，大力推进清洁工程和厕所革命，开展农业面源污染和生活垃圾集中处理，构建清洁卫生的农村环境，着力引导农村群众养成良好的卫生习惯，以各种农民欢迎和接受的方式开展农民的卫生和环保教育，提升农民的生态文明意识。

4.注意构建建管相结合的体制机制

小流域综合治理是一项长期性、系统性工作。治理周期长、参与部门多，建设及管理工作注定不能分离。小流域综合治理的管理工作长期伴随在建设过程中和建设完成后。在建设过程中，资金的投入的合理性、有效性，多部门之间的工作协调，相关优民政策的制定；建设完成后，对治理区的监督保护，可持续性经济开发，水土保持文化的宣传。这些都属于小流域综合治理的管理范畴。因此，建设离不开技术的支撑，同样离不开有效的管理机制，而建后的成效保护及生态利用也是综合治理的延续。有效的建管体制机制所带来的积极效果是立竿见影的，不仅可以扩增融资渠道，合理转变经济结构，更能有效发挥政府职能，增强公众生态保护意识。

三、完善水生态文明试点，创建"显山露水"的制度范本

加快推进水生态文明建设，从源头上扭转水生态环境恶化趋势，是在更深层次、更广范围、更高水平上推动民生水利新发展的重要任务，是促进人水和谐、推动生态文明建设的重要实践，是建设美丽中国的重要基础和支撑。

在江西生态文明先行示范区建设目标体系中，有22项与水生态文明建设有关，占总评价指标的43%；在6项25条重点建设任务中，有13条与水生

态文明建设有关。可见，水生态文明建设是江西生态文明先行示范区建设的关键，是推进生态文明先行示范区建设的重要动力。

江西新余市、萍乡市自2013年被纳入全国首批水生态文明建设试点城市以来，试点工作重点围绕落实最严格水资源管理制度、优化水资源配置、构建江河湖库水系连通体系、加强节水型社会建设、严格水资源保护和水污染防治、推进水生态系统保护与修复、深化体制机制改革创新等方面展开，切实解决当地水资源、水环境、水生态存在的突出问题，既突出地方特色，又具有一定示范效应。

江西省水利厅在推进国家水生态文明城市建设试点的同时，积极探索符合江西省实际的水生态文明建设模式，开展县（市、区）、乡（镇）、村水生态文明建设试点建设和自主创建活动，构建市、县、乡、村四级联动、统筹协调的江西省水生态文明建设工作格局。经各市、县水利部门组织上报和调研摸底，省水利厅遴选确定了第一批水生态文明建设试点县3个、乡(镇)22个、村125个。江西省开展的市、县、乡（镇）、村四级联动的水生态文明试点建设为下一步实现鄱阳湖流域水生态文明和江西省生态文明示范省建设打下了良好的基础。

为了规范和指导省级水生态文明试点建设、创建工作，先期制定印发了《江西省水利厅推进水生态文明建设工作方案》，后又陆续组织编制了《江西省水生态文明试点建设和自主创建管理暂行办法》和《江西省水生态文明建设评价暂行办法》，以上文件在开展试点建设、创建工作前期起到了指导性的作用。

按照水利部《关于加快推进水生态文明建设工作的意见》要求，水生态文明建设的目标是：最严格水资源管理制度有效落实，"三条红线"和"四项制度"全面建立；节水型社会基本建成，用水总量得到有效控制，用水效率和效益显著提高；科学合理的水资源配置格局基本形成，防洪保安能力、供水保障能力、水资源承载能力显著增强；水资源保护与河湖健康保障体系基本建成，水功能区水质明显改善，城镇供水水源地水质全面达标，生态脆弱河流和地区水生态得到有效修复；水资源管理与保护体制基本理顺，水生态文明理念深入人心。

按照总体部署，江西水生态文明试点建设将重点完成八个方面的主要工作：一是落实最严格水资源管理制度；二是优化水资源配置；三是强化节约用水管理；四是严格水资源保护；五是推进水生态系统保护与修复；六是加强水利建设中的生态保护；七是提高保障和支撑能力；八是广泛开展宣传教育。江西的水生态文明试点建设已经全面铺开，在河湖管理工作中也有好的开始。下一步将着重在创新体制机制，进一步积极转变治水管水理念，完善水生态文明建设格局，优化水资源配置，逐步建立水生态文明建设制度体系，为江西"治山理水、显山露水"打造水生态文明建设的全国"制度范本"上做文章。

（一）以水生态文明试点建设为抓手，健全评价标准，进一步完善水生态文明试点建设思路

目前，我国水生态文明评价指标体系和方法研究还处于探索阶段。《水利部关于加快推进水生态文明建设工作的意见》（水资源〔2013〕1号）提出，水生态文明建设的主要工作内容包括落实最严格水资源管理制度和优化水资源配置等八方面的内容。2012年8月，山东省发布了我国第一个省级水生态文明城市评价标准。一个地区的水生态文明状况是相对的，不是绝对的，应确定定量指标并进行分级，而不能机械地确定一个指标值。尤其是经济社会指标方面，要考虑地区发展水平的差异性，制定分级指标阈值，作为评判一个地区水生态文明状况的参考。要对发达地区、欠发达地区、贫困地区实行区别对待、分类指导，要建立科学的政绩考核体系，按照主体功能分区的要求，根据重点生态功能区的经济社会发展定位，制定生态功能区科学、合理的干部考核和政绩评价体系。把生态保护与建设成效、生态补偿机制的运行成效作为重点生态功能区各级党政干部考核的重要内容，把生态保护与建设、生态补偿实绩作为评价地方党委和政府工作的重要依据。

江西省首批水生态文明试点建设评价办法对县（市、区）、乡（镇）、村各级围绕水安全、水环境、水生态、水管理、水景观、水文化六大体系试点给出了相应的基本条件评价、指标评价体系以及评价方法（见表6-1）。该评

价体系强调以水资源管理制度建设为抓手，统筹城乡发展，工程措施和非工程措施并重，促进水资源合理开发利用，节约保护和科学管理，为江西省建设国家生态文明先行示范区提供支撑和保障。

表6-1　江西省水生态文明县建设评价办法得分项评分细则

目标层	准则层	评价内容	单位	分值	评价办法
水安全体系（15分）	防洪治涝	（1）防洪治涝设施工程等级、设计标准及运转状况	—	4	达到相关设计标准要求，且设施运转正常得4分，达到防洪标准但设施运转不正常扣2分。
	供水保障	（2）生活供水	%	4	城区生活供水保障率≥97%，得2分；城乡接合部供水一体化且管网连通，得2分。
		（3）工业供水	—	3	能够满足县域工业发展需求，得3分；能满足重点工业发展的得2分。
		（4）应急备用水源	—	4	有应急水源，能够满足需求，得4分，不能满足不得分。
水环境体系（20分）	河流、湖库水质	（5）水功能区达标率	%	3	≥90%，3分；每减少10%，扣2分。
		（6）规模化养殖	—	3	规模化水产养殖和畜禽养殖达到生态养殖，得3分；发现1处规模化养殖区达不到扣2分。
		（7）河道湖泊管理	—	4	推行政府行政首长负责的"河长制"，得2分；推行向社会购买公共服务、承担河湖管理任务，得1分；开展了河湖岸线等级和确权划界工作，依法设立界桩、管理保护标志，得1分；如果没有则不得分；另外有严重违法侵占河湖行为，此项不得分。
	污染物处理	（8）重点排污口污水排放达标率	%	3	达到100%，3分；每减少10%，扣2分。
		（9）城镇生活污水处理率	%	3	≥90%，3分；每减少10%，扣2分。
	饮用水源地保护	（10）饮用水源地保护	—	4	对饮用水源地划定保护区，措施完备，4分；有保护，措施不完备，2分；无保护0分。

目标层	准则层	评价内容	单位	分值	评价办法
水生态体系（13分）	生态需水保障	（11）主要河流不断流，湖泊不干涸，枯水期最小流量基本满足生态需求	—	4	主要河流不断流，湖泊不干涸，得2分；枯水期最小流量基本满足生态需求，得2分。
	生态护岸	（12）生态护岸占河道护岸比例（防洪明确要求硬化的护岸不在此列）	%	3	生态护岸比例≥80%，得3分；每降低10%，扣2分。
	水域面积	（13）水域（包括湿地）的面积比例	%	3	城区及城乡接合部适宜水面率≥15%，得3分；每降低5%，扣2分。
	水土保持	（14）城区建设实施水土保持"三同时"	—	3	发现一处不落实，扣1分。
水管理体系（30分）	体制建设	（15）水生态文明组织机构与制度规范建设	—	3	机构健全、制度完备得3分；机构基本健全，制度基本完备，得2分；不健全，不完备，不得分。
	规划编制	（16）相关规划编制、批复	—	3	县城发展规划中包含水生态文明建设相关等内容，并获批复，得3分。
	节水管理	（17）用水总量控制	—	3	用水总量控制达到考核要求，得3分。
		（18）用水效率控制	—	3	用水效率指标达到考核要求，得3分。
		（19）节水"三同时"	—	3	实现节水"三同时"，得3分。
		（20）城市及生活节水管理	%	2	供水管网漏失率≤10%，得2分；每增加5%，扣1分。
	水资源管理	（21）水资源监控能力、监控办法	—	3	对工业和供水取用水户有监控能力和监控办法，覆盖率≥90%，得3分；每降低10%，扣2分。
		（22）水资源费征收	%	3	对工业和供水取用水户水资源费征收率≥90%，得3分；降低10%，扣2分。
	水工程管理	（23）水利工程管理	—	4	水库、堤防管护人员及经费到位，并有效的管理，得2分；工程维护经费到位率100%，得2分。
	水生态文明绩效考核	（24）水生态文明建设相关工作占党政绩效考核的比例	%	3	水生态文明建设相关工作占党政绩效考核的比例≥6%，得3分；每降低1%，扣1分。

目标层	准则层	评价内容	单位	分值	评价办法
水景观体系（10分）	水利景观多样性	（25）城区亲水场地与设施	处	5	有亲水设施且安全保护和防护设施完备，得5分；安全防护设施不完备，扣2分。
		（26）水景观工程	处	5	有水景观工程，且观赏性较强，得5分；观赏性差扣2分；无水景观工程，该项不得分。
水文化体系（12分）	水文化宣传教育	（27）水科学知识普及	%	4	在校园开展水科普课程的比例达到90%，得4分；每降低10%，扣2分。
		（28）水文化宣传与保护	个	4	组织社会力量开展了水文化宣传活动，得2分；充分保护与挖掘水历史文化，得2分。
	公众满意度	（29）居民对水生态文明建设的满意率	%	4	满意率≥80%，得4分；每降低10%，减2分。

2015年8月，江西省水利厅出台了《关于推进水生态文明的指导意见》，2016年3月又制定了《水生态文明建设五年（2016—2020年）行动计划》，加强水生态文明试点的顶层设计，进一步厘清水生态文明试点的思路，为在全国推广江西水生态文明建设模式打下了基础。

（二）以积极推进"河长制"为重点，进一步完善水生态文明制度体系

水生态文明制度体系建设是水生态文明发展的基础。水生态文明制度体系应包括：①流域生态补偿制度，即对导致流域生态功能减损的自然资源开发或利用者征收税费，对为改善、维持或增强流域生态服务功能而作出贡献者给予经济和非经济形式补偿的制度。②水资源开发利用管控制度，是指有关水生态建设、水环境保护与水资源开发利用的一切权利的总和，主要包括水资源红线控制制度、水资源用途管制制度、河湖水岸线保护制度、水权制度、节约集约用水制度、建设项目水生态保护制度等。③建立和完善水资源管理的市场机制，主要包括水权交易制度、排污权交易制度、水污染收费制度，如污水排放费、水环境税、绿色押金制度等。

据悉,《江西省水资源条例》已基本修订完成,今年还将制订《江西省湖泊保护条例》。还要推出规划水资源论证制度,把水资源条件作为区域发展、城市规划、产业布局等决策的重要前提,以水定城、以水定地、以水定人、以水定产。进一步落实建设项目水资源论证、取水许可和水资源有偿使用等制度。优化水功能区划,完善水功能区分级分类管理制度。严格入河湖排污口监督管理和入河排污总量控制。严格落实国务院《实行最严格水资源管理制度考核办法》,把水资源消耗和水环境占用纳入经济社会发展评价体系,作为地方领导干部综合考核评价的重要依据。

1.进一步完善流域生态补偿制度

从 2008 年起,江西省开展了赣江流域水资源生态补偿机制的研究,为开展试点奠定了基础;2012 年启动袁河流域的萍乡、新余、宜春三市为期三年的水资源生态补偿试点,在跨市流域生态补偿先行先试方面迈出了重要的一步,使袁河水质恶化趋势得到有效遏制;2013 年提出了建立东江源跨省流域生态补偿机制的建议,并编制了《江西东江源生态保护与补偿规划》;2015 年出台了《江西省流域生态补偿办法(试行)》,按照"保护者受益、受益者补偿"的原则,重点补偿"五河一湖"及东江源头保护区和重点生态功能区,实施范围包括鄱阳湖和赣江、抚河、信江、饶河、修河五大河流以及九江长江段和东江流域等,涉及全省 100 个县(市、区)。

目前,江西省已经在森林、流域、湿地、矿区、重要生态功能区等领域开展了生态补偿试点,但由于各种原因,都未纳入国家生态补偿试点,从生态环境问题的紧迫程度和"十三五"环保工作重点来看,要完善重点流域、森林、湿地、矿产资源开发等领域生态补偿制度,形成有利于生态文明建设的利益导向机制。全面实行覆盖全省主要流域的生态补偿办法,建立地区间横向生态保护补偿制度,引导生态受益地区与保护地区之间、流域上游与下游之间通过资金、产业转移等方式实施补偿。健全矿产资源有偿使用、矿山环境治理和生态恢复保证金制度,建立矿产资源开发生态补偿长效机制。在全省范围内选择东江源区、鄱阳湖湿地开展国家级试点示范,重点探索建立上级政府协调机制、地方横向财政转移支付、市场机制等方面的政策经验，在试点示范和专项研究的基础上，争取用5年左右的时间建立江西省生态补偿的关键政策，并逐步形成体系，全面推进生态补偿工作。

2.进一步强化水资源开发利用管理制度

"河长制"把地方党政领导推到了第一责任人的位置，有效地落实了地方政府对环境质量负责这一基本法律制度，为区域和流域水环境治理开辟了一条新路。"河长制"作为江西省生态文明先行示范区建设制度创新的亮点和重点，受到水利部等部门和社会各方面的广泛肯定。由各级行政首长担任各级"河（段）长"，各部门分工负责，构建省、市、县、乡镇、村五级河长的基本框架，星子县和靖安县还入选为全国首批河湖体制机制创新试点县。"河长制"的目的在于推动各级党委、政府以及村级组织全面履行河湖保护管理责任，创新河湖保护管理体制，建立水陆共治、部门联治、全民群治的河湖保护管理长效机制，加强水管理，保护水资源，防治水污染，维护水生态，保障河湖健康。

关于"河长制"，江西并不是首创，全国其他地区也有很多的实践。比如江苏省环保厅在总结"河长制"管理经验的基础上，还在太湖流域建立了断面达标整治地方首长负责制，即在65个重点断面建立"断面长"制，这是对"河长制"的创新和延伸；有的地方则在实行"河长制"、"断面长制"基础上又创立了"浜长制"。该省部分地方还设立了"河长制"管理保证金专户，实行保证金制度。

在无锡市惠山区，每个河长要在年初向专户缴纳每条河道3000元的保证金。年底，区里根据"河长制"管理最终考核结果，以"水质好转、水质维持现状、水质恶化"等综合指数作为评判标准，水质好转且达到治理要求的，全额返还保证金并按缴纳保证金额度的100%进行奖励；水质不恶化、维持现状的，全额返还保证金；水质恶化的，全额扣除保证金。在资金使用上，专家也建议赋予河长一定的职权。由省河长办依据考核成绩分配河长激励资金，其中市级河长300万/人·年，县级河长200万/人·年，专项用于河流治理。河长将其掌握的基金作为激励手段，奖励给治污积极的部门或地方用于补助水污染治理资金不足等问题。专家还建议设立"民间河长",建立相互监督机制,并实行定期的信息公开制度。

区域的水污染防治,一般会涉及生活污水治理、工业污染防治、小流域综合整治等多方面内容。"河长制"的统筹调度、综合协调和目标管理,一定程度上能提高区域水污染防治规划(或方案)制定的可操作性,并提高治污方案的实施能力。这在江苏、河北和云南的实践中得到了充分体现,实施"河长制"后的区域水环境质量得到了显著改善。但由于建立和推行"河长制"的时间都不长,存在着一些不足之处或不够完善的地方。有的地方还存在"河长制"管理体制不顺、市级管理与区(市、县)级管理体制不统一等问题,如何理顺这些关系,也需要进一步深入探讨;部分"河长"对河道整治业务不太熟悉,开展工作有一定的难度。再如,如何让社会监督机制真正发挥作用,如何进一步理顺投资渠道,切实增加对河道整治的资金投入等等,都需要在今后的实践中不断探讨和丰富完善。

根据各地的经验和存在的问题,江西在推进"河长制"的过程中,应该注意以下几个方面的问题:

(1)流域规划要统筹布局,"河长"要明确在流域内的定位。

江西"五河"的水权分配工作早已展开,明确了主要河流的水量控制标准。但是由上而下的流域水资源管理是水量与水质的统一管理。尤其是水质管理要进一步强化水污染防治规划区、控制区和控制单元的流域水污染防治管理体系,各区域要从目标、指标、任务、措施等多方面按照单元提供更完整的管理框架,为单元或划分子单元实行河长制提出更明确的环境管理引导与指导,从流域层面实现单元与流域的由下而上的衔接,为区域间、河段间建立协调框架,建立清晰的流域与河流关系,形成明确的河流在流域内的功能定位,同时明确河长的考核目标。

(2)推行"河长制"要坚持"两手抓"。

着重在综合整治与长效管理上取得实效。推行"河长制"应当力戒形式主义,着重在内容上、在实效上下功夫。要想凸现"河长制"的成效,必须坚持"两手抓"：一手抓综合整治，一手抓长效管理。一个是近期目标，一个是长远目标。两个成果一起要，两个目标一起追求。

（3）考核指标要科学合理，"河长"应责权统一。

促进水环境改善是实施"河长制"的出发点和最终目标。要实现水环境改善目标，需要科学合理的治理方案，需要政策与投入保障，需要部门与区域间的广泛理解和积极配合。"河长制"作为一种考核机制，要在清晰的责任边界划定基础上，建立系统化的协调机制，充分发挥各职能部门的作用，明确实施的保障条件，要合理确定工作考核指标与水质考核指标的关系，使河长责权一致。

（4）健全工作机制和激励机制，促进部门之间的协作。

"河长制"虽按行政交界面划分并落实了各级领导干部的治水责任，但一条河的治理需要上下游共同配合，所设计的激励制度必须既激励各市（县）区展开治水成果竞争，又鼓励各市（县）区上下游联动、协调配合。基于能力和知识的有限性，政府主要领导人如果在很多的公共事务上都要承担"河长"之类的具体职责的话，即便具有高超的知识、信息、精力、能力的领导人也会力不从心，若还要承担推动、指导、监督等多重责任，这种要求就变得不现实，所以流域综合管理迫切需要上下游、左右岸的管理者和管理部门协调与合作。流域水资源的流动性特征也决定了"河长制"的协同绩效还要依赖上下游其他行政区地方政府的合作行动。因此，就需要在采取有效的激励竞争措施的同时采取促进合作的机制，力求达到共赢。例如，在奖金等激励上实行片区治理成果联动评价机制，设定一个整体流域治理目标，以此为参照确定奖惩金额。

（5）"河长制"应促进环境信息公开和公众参与。

作为巨大的社会系统工程，"治水"显然不可能仅靠权力系统效能的提高来解决。每一个社会成员都是实在的污染者，通过耐心宣教和精细管理来塑造具有良好的环境意识和自律行为的公民是当务之急。动员与河流朝夕相处的河边居民成为日常的管理者，调动他们的积极性和责任感，可以收到事半功倍的效果。为此，"河长制"的实施，要发挥舆论引导和监督作用，大力宣传环境保护的方针政策和法律法规，实行环境保护政策法规、项目审批、案件处理等政务公告公示制度，完善政府网站，公开发布环境质量、环境管理等环境信息，依法推进企业环境信息公开，公开曝光环境违法行为，扩大公众环境知情权。有利于充分发挥工会、共青团、妇联等群众组织、社区组织和各类环保社团及环保志愿者的作用，有利于治污方案决策的民主参与和水污染治理进度接受群众监督，这对提高治污决策水平、降低全社会治污成本和推进全面全流域管理都能起到积极作用。

3.建立多渠道的水资源管理市场机制

建立以政府为导向的生态补偿制度。构建适应鄱阳湖流域发展需要的生态环境补偿政策机制，矫正流域、重要生态功能区、自然保护区、矿产资源开发、湿地保护及其相关的经济利益在保护者、破坏者、受益者、受害者之间的经济利益分配机制，建立和完善生态补偿政策体系如《鄱阳湖流域水环境资源区域补偿办法》《鄱阳湖湿地生态补偿办法》《鄱阳湖禁渔期间渔民补偿办法》等。

（1）研究开展鄱阳湖流域排污权有偿使用与交易试点。

因排污权交易具有补偿性功能，补偿性排污权交易也具有能够弥补当前市场补偿机制困境的优势，补偿性排污权交易成为理想的市场补偿机制。补偿性排污权交易机制的构建需要从明确补偿性目的、补偿的主体和对象、生态服务价值的评估和补偿标准以及完善排污权交易立法等方面着手。改革主要污染物（如化学需氧量、氨氮、SO_2、氮氧化物）排放指标分配办法和排污权使用方式，建立排污权一级、二级市场，探索排污权价格体系，适时研究提高污水处理收费标准，建立排污权交易平台，出台环保专项资金倾斜和信贷支持优先等机制，加强排污权交易市场监管。逐步推行政府管制下的排污权交易，运用市场机制降低治污成本，提高治污效率，逐步实现排污权由行政无偿出让转变为市场方式有偿使用，加快鄱阳湖流域污染物排放总量削减目标的实现和水环境质量的好转。同时，要全力推进污染强制责任保险试点。

（2）完善水资源合理配置和有偿使用制度。

加快推进水资源使用权确权登记试点，加快建立水资源取用权出让、转让和租赁的交易机制。明确初始水权的分配与交接断面污染配额，在国家对水资源宏观管理的基础上，规范流域省际之间的水量分配和污染配额制度。在此基础上，上游地区将剩余水资源按照一定价格向中下游流域出售，通过水资源使用权的市场转让得到生态补偿。

（3）开展林业碳汇交易试点。

积极争取国家发改委、林业局等相关部委的支持，将试点工作作为国家层面减排战略的重要内容。加强与中国绿色碳汇基金、高校及有关社会团体在技术研发、标准设置、基金募集、人才培养等方面的合作，为林业碳汇交易市场提供必要的支撑。借鉴国际碳交易市场运作经验，与江西省实际情况有机结合起来，联合多方力量，加强对林业碳汇交易标准、交易规则、交易软件系统的研究和论证，形成统一的林业碳汇计量和监测标准体系。建议对部分生态地位极其重要区域由非国有投资主体投资营造的重点公益林，特别是农民投资营造的重点公益林，由国家征收或赎买，转变其所有制形式，以保障投资造林者的合法权益，保护其参与生态建设的积极性。应尽快协调有关部门，研究制定政策，确定收购标准，落实收购资金，在充分试点的基础上逐步推开。

四、布局绿色智慧城市试点，建设"精致高效"的幸福家园

（一）绿色智慧城市的建设目标

作为指导我国新型城镇化的纲领性文件，《国家新型城镇化规划（2014—2020年）》将"生态文明、绿色低碳"作为必须坚持的重要原则之一，要求创新规划理念，"把以人为本、尊重自然、传承历史、绿色低碳理念融入城市规划全过程"。中央经济工作会议提出要大力发展"集约、智能、绿色、低碳"的新型城镇化发展道路的"八字方针"，走低碳绿色道路成为今后助力新型城

镇化发展的重要任务和发展方向。智慧城市是探索"集约、智能、绿色、低碳"新型城镇化道路的典型示范,智慧城市建设的最终目的是打造宜居、舒适、安全的生活环境并实现城市的可持续发展。

绿色智慧城市包含双重含义:第一,智慧城市通信,信息基础设施本身的绿色化,减少通信、信息基础设施从生产、销售、使用过程中的能量消耗和对环境的直接影响;第二,通过绿色的基础设施服务,帮助和带动整个城市四大领域(资源环境领域、社会民生领域、产业经济领域和城市管理领域)的节能减排,推动环境保护。

智慧城市的顶层设计在战略上应以绿色为重,旨在打造绿色智慧城市,围绕节能减排和优化环境进行谋划和建设,以可持续发展为出发点和归宿点,以提高城市的宜居度,减轻城市能源和环境压力。

目前,我国正积极开展智慧城市试点工作,国家住建部现已公布两批共194个智慧试点城市,覆盖东中西部地区,基础设施建设投资规模接近5000亿元。同时,在国家试点框架之外,全国各省市或地区都有部分城市先一步与通信运营商签署合作协议,总数达到320多个城市。除北京、上海、广州、深圳等超级大城市外,杭州、厦门、珠海等一些东部沿海地区的经济发达城市也开始智慧城市建设。80%的二、三线城市积极性更高。

纵观我国各智慧城市项目,建设模式各有千秋,但是整体来看多数城市的智慧城市建设目前还处在初级阶段。具体来说,有的城市优先聚焦于智慧项目的开展和其中通信与信息技术的应用,有的着重进行通信与信息基础设施的建设,有的在提升城市宜居度、提高生态环境质量和缓解能源压力上着力推进,有的则聚焦智慧城市生态环境和谐和能源利用高效,探索以绿色带动智慧城市发展和绿色为先、生态为先的发展模式,等等。

这些不同的建设发展模式的内容千差万别,但基本上都体现了"智慧"和"创新",在智慧和创新的背景下享受其带来的绿色和低碳;而"绿色"和"低碳"则被看成智慧城市的作用和副作用。这样的智慧城市其绿色是片面的,在智慧城市的建设中绿色是结果,更应该是手段,绿色应该与智慧城市共同发展，相互促进，智慧城市的建设需要在顶层设计之中考虑绿色的问题，绿色也需要通过智慧城市的建设得到更好的体现，绿色低碳亟待融入我国智慧城市的顶层设计之中，从而构建绿色智慧城市新生态。那么，绿色城市建设重点有哪些方面？应主要包括六个方面（表6-1）。

表6-1　绿色城市建设重点

绿色能源	推进新能源示范城市建设和智能微电网示范工程建设，依托新能源示范城市建设分布式光伏发电示范区。在北方地区城镇开展风电清洁供暖示范工程。选择部分县城开展可再生能源热利用示范工程，加强绿色能源县建设。
绿色建筑	推进既有建筑供热计量和节能改造，基本完成北方采暖地区居住建筑供热计量和节能改造，积极推进夏热冬冷地区建筑节能改造和公共建筑节能改造。逐步提高新建建筑能效水平，严格执行节能标准。积极推进建筑工业化、标准化，提高住宅工业化比例。政府投资的公益性建筑、保障性住房和大型公共建筑全面执行绿色建筑标准和认证。
绿色交通	加快发展新能源、小排量等环保型汽车，加快充电站、充电桩、加气站等配套设施建设，加强步行和自行车等慢行交通系统建设，积极推进混合动力、纯电动、天然气等新能源和清洁燃料车辆在公共交通行业的示范应用。推进机场、车站、码头节能节水改造，推广使用太阳能等可再生能源。继续严格实行运营车辆燃料消耗量准入制度，到2020年淘汰全部黄标车。
产业园区循环化改造	以国家级和省级产业园区为重点，推进循环化改造，实现土地集约利用、废物交换利用、能量梯级利用、废水循环利用和污染物集中处理
城市环境综合整治	实施清洁空气工程，强化大气污染综合防治，明显改善城市空气质量；实施安全饮用水工程，治理地表水、地下水，实现水质、水量双保障；开展存量生活垃圾治理工作；实施重金属污染防治工程，推进重点地区污染场地和土壤修复治理。实现森林、湿地保护与修复。
绿色新生活行动	在衣食住行游等方面，加快向简约适度、绿色低碳、文明节约方式转变。培育生态文化，引导绿色消费，推广节能环保型汽车、节能省地型住宅。健全城市废旧商品回收体系和餐厨废弃物资源化利用体系，减少使用一次性产品，抑制商品过度包装。

由此可见,绿色智慧城市具有功能齐全的城市环境基础设施、快捷便利的服务、高品质与环境优美的社区、居民强烈的绿色价值观和绿色消费观,可以满足居民在营养状况、住房、交通、供水、卫生、能源方面的消费以及舒适方便、安全等方面的需求。

(二)江西绿色智慧城市试点建设——新余模式

自 2013 年 8 月被列入国家级智慧城市建设试点以来,新余市在"智慧新余"的建设工作中,结合自身发展实际,不断探索、总结经验,在互联网建设、民生惠民应用、社区服务管理、社会信用体系建设等多方面都取得了良好的成效。通过在实践中不断调整,智慧新余建设重点项目共计 53 个,据统计已经投入建设资金 8.8 亿元。目前,智慧城市管理公共信息平台、市政务服务网、市领导干部绩效考核系统、"智慧天网"、市能源与环境监测管理中心、数字文化网等 32 个重点项目已经建设完成;"宽带新余"、智慧城市时空信息云平台、市人口共享基础数据库、"信用新余"社会信用平台、市人口健康信息管理平台、智慧动员平台等重点项目正在建设完善;宏观经济数据库、建筑物基础数据库、智慧规划 3 个重点项目即将启动。项目涉及智慧政务、智慧安全、智慧交通、智慧社保、智慧卫生、智慧环保等领域。

为了加快建设绿色智慧城市,促进生态文明建设,新余在产业转型和环境治理与保护方面理出了清晰的发展思路。产业转型工作具体到工业、服务业、农业、科技创新等方面;环境治理保护涉及减少排污、污染防治、环保执法、制度改革。

1.产业转型

工业:引进新兴产业,重视低碳环保。

政府先后出台了促进光电信息产业和装备制造业发展的意见,编制了光伏发电应用的建设发展规划,大力推进光电信息、装备制造、光伏发电等产业加快发展。

服务业:扶持轻资产企业,做强生态旅游。

重点是发展生产服务业、电子商务、现代物流、科技服务等轻资产企业。比如，建立全省第一家工业设计中心，并出台一揽子电子商务产业扶持政策。同时还制定了促进旅游业加快发展的若干意见，支持旅游业做大做强。仙女湖正在创建国家 5A 级景区，中国洞都 2015 年 5 月已正式开业。

农业：发展特色农业，提高经营水平

大力发展特色农业，提高农业规模化、集约化经营水平。油茶、苗木花卉、新余蜜橘等产业已形成竞争优势。在光伏农业方面探索出光伏应用农（林）、渔光互补发展新模式。在推进生态循环农业发展方面建设了罗坊镇大型沼气集中供气工程，下一步将在全市总结和推广罗坊沼气项目的成功经验。

科技创新：建立科技创新体系，实现科技驱动。

目前已建成国家光伏工程技术研究中心等 3 个国家级研发平台，省船用钢工程技术研究中心等 9 个省级研发平台，市锂电新材料工程技术研究中心等 28 个市级研发平台。2014 年，就获批国家级高新技术企业 9 家，争取国家级科技项目 12 项、省级 55 项，开发省级重点新产品 39 项，企业自主创新能力进一步提升。

产业转型的架构与绿色、低碳、经济的主题相契合，工业、科技创新与低碳环保相结合，服务业与生态旅游相结合，农业与绿色经济相结合，各方面的建设思路紧密围绕绿色、智慧两大发展理念，意味着新余市已将产业发展纳入绿色智慧的城市建设的总要求。

2. 环境治理和保护

新余以钢立市，工业化程度较重，加上历来疏忽了对环境的治理，环境问题一直以来是伴随新余城市化进程的重要问题，环境问题关乎经济、民生等多个方面。为此，近年来，新余市委、市政府着力改善历史遗留的环境问题，以控制污染增量和消化污染存量为抓手，严格建设项目排污标准，加大生态环境综合治理力度，做好净水、净空、净土的文章。

在建设绿色智慧城市的大背景下，迎合生态文明建设的大好形势，新余市找准环境治理与保护工作的发力点，开展多方面工作，全力改善地区环境问题。

完成减排收官任务：抓好新钢公司球团脱硫设施项目等重点减排项目建设，推进城镇污水处理厂污泥无害化处理、再生水回用率和规模化畜禽养殖配套设施建设。

深入污染防治工作：做好大气、水环境专项治理，以整治工业废气、严禁秸秆焚烧、治理汽车尾气、防治城市扬尘、治理油烟废气为主要内容，合力推进"五气共治"。严格落实仙女湖、孔目江两个饮用水源地《水质保护办法》等。深入开展重金属污染治理、修复工作。

加大环保执法力度：落实环保设施同时设计、同时施工、同时投入使用的"三同时"制度，严格建设项目环评工作。对不达标不合规范的建设项目或企业采取强制性关停措施，坚决控管企业环境违法行为，2015年先后否决了120多个建设项目。落实从市级、县级、乡镇级到片区级的环境网格化监管措施。

在智慧城市建设过程中，新余市积累了一批如抓组织、定政策、重管理、广融资的保障措施以及能源与环境监测管理中心、数字文化网、数字化综合办公平台等技术措施。这些经验技术在建设生态文明的过程中又得到充分使用。在打造智慧生态建设示范区方面，主要是着力构筑绿色生态屏障，加强自然保护区、森林公园、风景名胜区、湿地公园、水源保护区、生态功能保护区、生态脆弱区的智慧管理，创新水生态文明建设的智慧模式。同时，加快数字环保、数字能源等公共服务体系建设，推进监测分析与大数据管理，全面提升全市生态环境质量的智慧管理水平。

（三）江西建设绿色智慧城市试点的建议

在城市成为现代生态文明载体的基础上，城市正在兴起一场生态革命，正在由工业社会的朴素文明向耦合的生态文明转变。国家智慧城市（区、镇）试点指标体系（试行）有4个一级指标："保障体系与基础设施"、"智慧建设与宜居"、"智慧管理与服务"、"智慧产业与经济"，其中"智慧建设与宜居"

及"智慧管理与服务"和绿色生态城区密切相关。

当前，中国"智慧城市"建设出现一些新特征，包括在智慧产业领域，紧紧跟踪新技术、新业态，抓住互联网+、大数据、云计算、物联网方面的新机遇，为智慧城市发展打好物质基础。

然而一些城市对于智慧城市的定位和功能不够清晰，对基础设施产业之间的关系考虑不足，大多停留在基础设施信息技术的建设上，与以往的平安城市、数字城市等并无实际差别，一些城市对智慧城市的真实需求缺乏判断，片面贪大求全，建设目标过于宏大，但特色不鲜明，缺乏足够的要素资源和支撑能力。

绿色智慧城市建设的根本就是在智慧支撑下，通过调整产业结构和创新发展模式，创建环境友好、经济高效、人类与自然协调发展的新型社会。目前，江西的智慧城市建设还主要在体现在加强信息城市的建设上，缺乏"绿色"。以新余市为试点建设城市，还需要进一步将绿色发展与智慧建设有机结合，在推进低碳城市、信息城市、绿色城市的"三城"融合上做足文章，促进生态效益与社会发展协调发展，为江西省推广绿色智慧城市建设提供参考样本。在布局和推广建设绿色智慧城市时需要特别注意以下几点：

1.科学做好绿色智慧城市的顶层设计

对于江西省来说，首先应该立足城市的发展现状和战略方向，针对不同城市设计不同的适合自身发展状况的顶层规划方案，借鉴国内外与顶层设计相关的先进方法，结合本地实际，在城市发展规划、现有政策、建设要求的基础上建立绿色智慧城市顶层设计。顶层设计不是以固定形式存在的，应根据外部环境变化做出及时准确的调整方案，使方案与时俱进，具有鲜明的时代特征。

2.发展绿色、低碳、信息融合型智慧产业

发展移动互联网产业，通过商业模式创新，探索盈利模式创新的途径。构建物联网产业生态，提高物联网产业自主创新能力。以大数据应用为中心，加强自主技术创新,推动大数据产业发展。将传统产业与互联网技术融合发展，结合以互联网为主的高新技术对传统产业科学地进行改造。培育低耗能、高效益的新兴产业，发展集成电路、光伏、通信、信息网络与服务等产业，形成工业与信息相融合的现代化产业。此外，要发展服务业和城市农业，以取代对生态环境破坏严重的建设项目。

3. 以互联网＋促进电子政务全面转型

各部门各地区抓紧建立本部门本地区电子政务协调工作机制，建立多元化、多渠道的电子政务投融资机制，探索政府部门与民营企业合作，加强项目规划、审批、建设、运行、评价全流程闭环管理。优先在社会保障、公共安全、社会信用、市场监管、食品药品安全、医疗卫生、国民教育、劳动就业、养老服务等方面加大试点示范和推广力度，深入开展跨地区、跨层级、跨部门协同应用，推进横向和纵向之间电子政务应用协同发展。积极探索基于O2O（线上与线下）的服务场景融合、多媒一体的服务渠道融合、基于社会化的网络服务平台整合等服务模式融合。

4. 建立共享的信息资源体系，促进基础设施和城市管理绿色智慧化

建立元数据体系，其中包括支持城市正常运行的若干要素（市容环卫、绿化景观、市政设施、房地物业、水、电、煤气、环保、防汛、防台、气象、交通、医疗等公共产品、公共服务、行业管理）的运行状况，对水务系统进行及时监控，对饮用水源地水质实时监测。建设智慧城市公共支撑平台，作为"智慧城市"的公共信息管理和服务平台。通过智慧城市公共支撑平台，对各业务应用系统进行应用集成，并对不同业务信息加以整合，形成统一有序的信息资源体系，支持信息资源的数据共享和统一信息服务，支持综合分析和业务处理。比如建立交通智能管理系统，及时采集路段交通信息，配合有关部门限行政策，着力解决城市交通拥挤、交通污染等问题。努力推进现代化医疗系统改革，建立市民医疗管理网络平台，实现线上挂号、取药，解决老年人出行难问题。

5. 加强宣传教育，使公众生活绿色智慧化

公众生活的绿色智慧体现在绿色消费、低碳生活、积极环保。保障食品

安全，推广使用无公害绿色产品，注重生活垃圾合理处理、分类投放和循环利用。鼓励绿色低碳出行，积极配合节能减排相关政策，尽可能地以自行车代替汽车，以徒步代替自行车。倡导积极参加有关环境保护的绿色健康活动，增强公众环保意识。

五、建设绿色生态小镇试点，扮靓"留住乡愁"的山水田川

（一）绿色生态小镇的美好愿景

绿色生态家园可以理解为绿色家园与生态家园的有机结合。其中绿色家园源自于田园城市，而田园城市是在 1898 年英国社会改革家埃比尼泽·霍华德出版的《Tomorrow: A Peaceful Path to Real Reform》一书中提出的。在霍华德看来，"田园城市"既是一种兼具城市和乡村各自优点的新型居住形式，又是一种用城乡一体的新社会结构形态来取代城乡分离的旧社会结构形态的社会改革理念。

而生态家园概念最早源自生态城市，而生态城市是在 1971 年联合国教科文组织发起的"人与生物圈计划"研究过程中提出的一个重要概念。生态城市是一个经济高度发达、社会繁荣昌盛、人民安居乐业、生态良性循环四者保持高度和谐，城市环境及人居环境清洁、优美、舒适、安全，失业率低，社会保障体系完善，高新技术占主导地位，技术与自然达到充分融合，最大限度地发挥人的创造力和生产力，有利于提高城市文明程度的稳定、协调、持续发展的人工复合生态系统。

习近平总书记强调"让居民望得见山、看得见水、记得住乡愁"。乡愁需要有可以寄托的载体，那就是乡村。我们的乡村必须富有魅力才能够留得住乡愁。有文章诗意地定义：乡愁是孩提时牵牛吃草的一脉青山，是夏日中供我们嬉闹的一方绿水，是夕阳里炊烟袅袅的一片屋瓦，是世代相传的共同记忆，这是一幅有"绿水、青山、夕阳、炊烟"的美好画卷。

建设绿色乡村从"盼温饱"到"盼环保"，从"求生存"到"求生态"，

绿色正在装点乡村的新梦想。国内在建设绿色生态小镇有一些很好的实践，比如在苏南地区，"建设美丽乡村，留住美丽乡愁"已蔚然成风。"村庄环境整治苏南实践"获得 2014 年度"中国人居环境范例奖"。"江苏省村庄环境改善与复兴项目"被亚洲银行东亚可持续发展知识分享中心评为 2014 年度"最佳实践案例"。江苏的美丽乡村建设是推进城乡发展一体化的有益实践，体现了"与空间优化、功能提升、文化传承、乡村复兴、集约发展的有机结合"，为全国其他地区的美丽乡村、生态家园建设描绘了现实版的美好愿景。

（二）江西建设绿色生态小镇的特质条件

　　江西建设绿色生态家园试点有其得天独厚的优势，可谓人杰地灵，物华天宝，而不同的乡镇试点之间又有其不同的风格类型。

　　1.基础建设型——九江市德安县吴山

　　位于九江市德安县西北部的吴山镇，辖区面积 126 平方公里，下辖 8 个行政村和 2 个社区，人口 1.6 万。吴山镇历史文化底蕴丰厚，自然资源十分丰富。拥有锡、铅锌、铁、石灰石、莹石等丰富的矿产资源，传统农产品主要有棉花、水稻，盛产水果如大黄李、水蜜桃、早熟梨等，被誉为"赣北水果之乡"。集镇现有常住人口近 2000 人，驻镇单位 8 家，餐饮、超市等个体工商户近 50 家。教育、医疗、金融、商贸、休闲等功能设施一应俱全，居民们安居乐业。

　　近年来，吴山镇在德安县委、县政府的正确领导和大力支持下，全力打造高标准、有品位、有特色的生态文明集镇。为了拉大集镇框架，2014 年，吴山镇党委、镇政府开始启动集镇新区建设，投入资金 300 余万元，完成了前期规划、土地征用、环湖路建设等；投入资金 1000 余万元，建设了农民集中建房安置点。该工程总占地面积 100 余亩，规划宅基地 80 余户，采取"统规自建"的模式，户型为三层，统一了坡屋顶和外墙漆。2015 年，还投入 300 余万元完成了五柳湖公园二期、休闲广场、新区绿化亮化、道路管网等工程建设。共修建了 1000 余米湖滨休闲小路，添购了健身器材，铺设了 8000 平方米草皮，安装了"中国结"景观灯，栽种了桂花树、樟树、紫薇树等景观树。在建设集镇新区的同时，镇党委、镇政府还投入资金100余万元，对老集镇破损的路面、人行道、路沿石、管网、绿化等进行全面改造。并通过招商引入资金1300万元，新建了建筑面积8700平方米的江西格林生态农业大楼。现在的吴山集镇，道路宽敞、设施齐全、绿树环抱、环境整洁、功能完善，成为一个宜居宜业宜游的现代化乡镇。

2. 产业驱动型——赣州龙南县临塘

赣州市龙南县的临塘乡以茶闻名，而茶又以虔茶为要，故而又被称为"虔心小镇"。2013年，虔茶系列产品一举荣获第十届"中茶杯"特等奖、上海国际茶博会金奖、第九届国际名茶金奖；2014年又斩获了第三届"国饮杯"全国茶叶评比特等奖、第十届国际名茶金奖等。由此可见，虔茶已经成为赣南现代农业新的名片。虔茶的品质保障得益于"虔心小镇"得天独厚的自然环境。"虔心小镇"所在地虔山属国家自然保护区九连山余脉，平均海拔600米，远离城市污染，属原生态山区，空气清新，终年云雾缭绕，气候温和、雨量充沛，土壤富含茶叶生长需要的有机质，这些自然条件与优质茶的种植条件非常吻合。

虔心小镇的茶园采取有机管理模式，"伴红豆杉而生，饮竹根水而长"是茶园的独门武器。在茶园里，茶树中套种着大量红豆杉树苗。而离茶园仅几十公里远的国家森林公园——九连山，有南方红豆杉最大的群落。虔心小镇利用天时地利之便，首创茶树与红豆杉套种模式，实现了二者的同生同息。在虔心小镇，随处可见活蹦乱跳形似山中野鸡的"虔山鸡"。这些鸡个头小，细脚趾，或三两搏斗或飞栖树枝。据介绍，家禽养殖是"虔心小镇"生态农业立体开发的一个项目。农场自有10万亩林地为土鸡散养基地，为鸡群提供了广阔的奔跑空间、纯净的空气和水源。"虔山鸡"野外觅食性能强，主食山林间昆虫及草籽，食少量五谷杂粮，渴饮竹根山泉，困栖树枝。鸡群以肥沃的鸡粪反哺竹林，实现了生物链的有机循环。在茶园休整期，低密度地散养土鸡，鸡群和觅食昆虫、嫩草，给茶园松土，成为茶园天然"义工"，鸡粪还园，为茶树提供优质的有机肥，实现"茶—鸡"的有机循环。

在 7 年前，这里还是一片荒山，经过 7 年的开拓经营，才有了现在的万亩茶园。如今，茶场采取"公司＋基地＋农户"的发展模式，由企业提供茶苗、技术，对茶园进行统一管理，并与农户签订鲜叶收购合同，统一加工销售。通过这种模式实现企业产业化发展，并带动农民增产增收。

据了解，目前有 600 多人在该茶场工作，每月收入有 1800 元左右。在采茶季节，茶场还要聘请 2000 多名临时采茶工人。小茶叶撬动大产业，一种产业的壮大无不凝聚着缔造者的心血。茶园不仅装扮了龙南的山山水水，更使一方百姓富裕起来，成为赣州龙南茶农致富奔小康的"绿色银行"。苍茫的竹林深处别有一番天地。沿着一条小径而上，由竹子建成的 7 个宋唐风格的小楼阁映入眼帘，这是"虔心小镇"精心打造的"竹林宴遇"文化餐厅，这也是"虔心小镇"建设绿色生态家园的一个创举。

3. 创新教育型——赣州赣县吉埠

赣州市赣县的吉埠镇到处都是一座座乡村原生态与现代化相结合的村庄，它的原生态在于保留了村庄稻田、菜地、水塘、民居交相错杂的格局，没有刻意地将其整齐划一；它的现代化，体现为一条条蜿蜒经过每家每户的水泥路，是竹篱菜地、水塘沟渠相伴的农屋里的小水泵、自来水龙头，是两层小楼，其底层有由楼梯间改造而来的卫生间，有屋后配备的三格式化粪池，走平坦路，喝干净水，上卫生厕，用洁净能，上因特网，展示着吉埠镇建设的美好蓝图。这里的生态家园建设，对于原生态的保护并不是被动的静态保护，而是随物赋形地在尊重历史与自然的前提下的创新建设，它为传统的原生态注入了新的活力，更体现了对乡镇原生态的充分尊重。

4. 资源环境型——景德镇浮梁县瑶里古镇

2001 年 4 月 2 日，景德镇市浮梁县的瑶里镇被列为江西省省级自然保护区，同年 10 月 9 日，被批准为江西省省级风景名胜区。2005 年，瑶里镇一举荣获"中国历史文化名镇、高岭国家矿山公园、中国自然与文化双遗产名录、国家重点风景名胜区、国家 AAAA 级景区、国家森林公园"六块国家级品牌，除此之外，瑶里镇还是"全国环境优美乡镇"以及"第一批国家级生态村"。

瑶里，古名"窑里"，因是景德镇陶瓷发祥地而得名。远在唐代中叶，这里就有生产陶瓷的手工作坊。瑶里位于举世闻名的瓷都东北端，地处三大世界文化遗产（黄山、庐山、西递和宏村）的中心，素有"瓷之源，茶之乡，林之海"的美称。这里四季气候宜人，森林覆盖率达94%，空气中富含氧离子，有"天然氧吧"之称。区内有南方红豆杉、银杏树、香榧树、金钱豹、娃娃鱼等国家珍稀动植物180多种。境内最高峰五华山海拔1618.4米，是景德镇昌江的东河源头。境内山高林密，河川纵横，这里有山，有水，有古镇老村。山是葱翠欲滴的山，水是碧波荡漾的水，古镇老村都是飞檐翘角、青砖黛瓦的古风古韵，瑶里集山岳、林海、瀑布、峡谷等自然风光和古镇、古窑址等人文景观于一体，山水、人文俱美，原始、古朴、清静，一年四季气候适宜，是访古探幽、感悟天人合一的佳境，更是享受大自然洗礼的绿色家园。

5. 历史文化型——鹰潭市贵溪市塘湾镇

塘湾镇因"水塘多、道路弯曲"而得名，位于贵溪市南部，已有500多年的建置史。工业以瓷土、花岗岩、竹木加工业为支柱。山环水绕，秀美古朴，明清古建遍布，民居宅院沿溪而建，构筑了一幅古色古香、繁花似锦的美妙画卷。有"铁拐李"牌灯芯糕、捺菜、天师板栗烧土鸡、谷酒等特色美食。塘湾镇是一个以徽派建筑风格为主的古商业镇，保存着完好的晚清建筑群，飞檐翘角、古木黛瓦、古韵遗芳，充分体现了徽派民居的建筑特色，是我国古典民居建筑中的瑰宝。占地约300平方米的财源村汪家祠堂、占地约300平方米的唐甸组夏家祠堂便是其中的代表。塘湾镇是江西省首批历史文化名镇。

6. 旅游发展型——南昌市湾里区太平镇

太平镇地处江西省南昌市西北郊梅岭国家森林公园中心，是梅岭风景名胜区的重点景区，也是江西省著名的三大避暑胜地之一。这里自然条件优越，森林覆盖率高达83.2%，负离子浓度最低达到10000个/cm^{3}以上，有千年银杏、千年红豆杉等名贵树木。基础设施日臻完善，水资源丰富，电力充裕。具有良好的生态环境，气候宜人，年平均气温在14.5~17.6℃。山林植被丰富。融自然风光与人文景观、历史文化和宗教古迹于一体，是省会城市近郊难得的观光旅游、休闲度假的好去处。

太平镇生态保护良好，拥有国家 4A 级景区——狮子峰、神龙潭等天然景点，打造了太平心街、欢乐葵园、仟荷湾、湿地公园等特色景点。这个古朴的小镇已经拥有全国文明村镇、全国特色景观名镇、国家级生态示范镇、江西省文明镇、江西"魅力乡镇"十强等荣誉称号。

（三）建设绿色生态小镇试点应注重的因素

"万物各得其和以生，各得其养以成。"良好的生态是人类发展的基础，美丽的绿色是人类共同的期盼。江西建设绿色生态小镇首先应注重绿色，作好绿色文章。

绿色的本质是和谐，首先是生态和谐，更重要的是社会和谐。生态和谐要求在发展的同时维护好生态系统的平衡，不能以牺牲生态和自然环境为代价谋求发展。绿色发展更高层次的意义在于，要求发展的同时确保社会和谐，要求注重民生、体恤民情、反映民意。不搞大拆大建，要尊重自然、顺应自然、保护自然，保护好山、水、田、林、园、塘等自然资源。开展建设，必须注重修复农村的生态环境，开展农村小流域治理，恢复农村自然湿地，恢复铁路公路沿线施工破坏的山体和地表，对山边、水边、路边进行洁化、绿化、美化。同时注重保护传统村落。

其次是注重特色。不要千篇一律地套用城市建设标准，要突出乡村特色，避免农村模仿城市的痼疾，避免"千村一面"的遗憾。例如福建省在美丽乡村建设过程中贯彻"六不六多"的建设原则，即不推山、不填塘、不砍树、不搞村里的宽马路、不过多使用水泥钢筋、不在门前屋后搞过度硬化；多依山就势、多因地制宜、多做庭院菜地、多搞村庄绿化、多用乡土材料、多搞地方特色的建筑。这些都是值得我们借鉴和学习的经验。示范点建设中，不要拘泥于统一模式，要突出构建"一村一业一品"产业格局，要注重挖掘各村特点，做到"一村一规、一村一品、一村一景、一村一韵"。同时，还可以利用自身特点，大力培育乡村花园、乡村酒店、乡村民宿、休闲农庄、观光农场等新型业态，发展风情小镇、乡土人家、畲族山寨、客家小屋等特色产品，让美丽乡村"串珠成链"。

此外是注重文化。乡村文化是中华文明的一大载体，农村建设要体现"现代骨、传统魂、自然衣"，体现留住山水、留住记忆、留住文化和精神的根，保护好村镇千百年来传承的自然景观、生产方式、邻里关系、民风民俗等"田园牧歌"式的"乡愁"。在保护乡土建筑和历史景观的同时，要注重挖掘乡村文化内涵，重视对散落在乡村的大量历史记忆、宗教传衍、地方方言、乡规民约、祖训家规、生产方式等非物质文化遗产的保护和挖掘，复活传统民间故事，传承地方戏曲、手工制作、乡间小吃、传统习俗等民间文化。

乡愁是什么？也许是记忆中的一树一花，一屋一塘。让一个一个的绿色小镇记得住"乡愁"，留得住村民，看得见民俗。

最后就是注重民生。要把涉农之事办实、惠农之事办好。大力开展农村人居环境综合整治，扎实推进垃圾无害化处理、水环境和农村面源污染治理，看牢护好清洁水源、清洁家园和清洁田园。要让江西的优质天然资源既能造福当代，又能惠及子孙。坚持按照城乡并轨、一体化发展的方向，把农村教育、文化、卫生和社会保障事业积极向前推进，特别是水、电、气、路、网络等基础设施硬件建设要实现全覆盖，逐步实现从有到好的转变，不断提高农村基本公共服务水平，夯实绿色发展的基础。

参考文献

［1］强卫.推动物质文明精神文明建设协调发展，奋力打造两个文明交相辉映的"绿富美"江西. http：//cpc.people.com.cn/n1/2016/0429/c64102-28315743.html，2016-04-29

［2］强卫.做到"五个协调共进"助推江西绿色崛起. http：//jx.ifeng.com/news/sz/yw/detail_2015_11/03/4513995_0.shtml，2015-11-03

［3］鹿心社.部署生态文明先行示范区建设抓住关键要素治标固本. http：//www.zhb.gov.cn/zhxx/hjyw/201504/t20150427_299604.htm，2015-04-27360

［4］鹿心社.建设生态文明增进民生福祉——深入学习贯彻习近平同志关于生态文明建设的重要论述［N］.人民日报，2014-10-07

［5］强卫主持江西省生态文明先行示范区建设领导小组会议［N］.江西日报，2015-04

［6］吴晓军.关于江西省生态文明先行示范区建设和生态环境状况的报告，2016年1月27日在江西省第十二届人民代表大会第五次会议上

［7］文传浩，马文斌，左金隆.西部民族地区生态文明建设模式研究［M］，北京：科学出版社，2013

［8］张会恒，魏彦杰.安徽生态文明建设发展报告［M］，合肥：合肥工业大学出版社，2015

［9］百科.生态文明［EB/OL］.http：//baike.so.com/doc/396918-420213.html

［10］李清源.国内外绿色发展的实践与经验启示［J］.青海环境，2011年12月第21卷

［11］程大章，沈晔.绿色生态城区与智慧城市建设［J］.建筑科技，2014年第7期，20-23

［12］梁晓娜.生态策略在智慧城市空间规划的应用研究——以珠海横琴新区为例［D］.华南理工大学，2015

［13］卢溪.生态发展视角下的智慧城市探索［J］.科技创新论坛，2013，15（135）：141-143

［14］江西新余市长：把生态文明建设作为"一号工程"来抓。凤凰资讯，2015.1.19，http：//news.ifeng.com/a/20150919/44692209_0.shtml

［15］谷大局.城市生态评价指标体系及智慧化建设研究［D］.哈尔滨工业大学，2014

［16］彭崑生主编.《江西生态》第三卷（现状卷）［M］.江西人民出版社，2007

［17］罗珍珍.环鄱阳湖区农村面源污染成因及控制对策研究［D］.南昌大学，2010

［18］姜峰.江苏省农业面源污染时空特征及削减方案研究［D］.南京农业大学，2012

［19］傅春主编.中外湖区开发利用模式研究——兼论鄱阳湖开发战略［M］.社会科学文献出版社，2009

［20］刘聚涛等.江西省水生态文明建设现状及发展思考［J］.中国水土保持，2014年第10期

［21］国家发改委城市和小城镇改革发展中心主任李铁在2013年1月9日新京报、腾讯网主办的"中国经济展望及城镇化发展高峰论坛"上的讲话，引自《杭州日报》2013年1月16日，B3版

〔22〕中央农村工作领导小组副组长陈锡文在 2013 年 1 月 26 日中国国际经济交流中心主办的"中国经济年会（ 2012 － 2013 ）"上的发言，引自《中国社会科学报》2013 年 1 月 28 日，A01 版

〔23〕涂姗华，焦毅.上半年江西房地产开发形势及景气、预警分析〔J〕.江西省人民政府公报，2013，14：38-40

〔24〕中国环保在线 http：//www.hbzhan.com/news/detail/106148.html

〔25〕http：//www.banyuetan.org/chcontent/jrt/2014925/112945.html

〔26〕http：//eco.cri.cn/492/2015/07/14/321s29955_1.htm

〔27〕http：//www.jdzol.com/2011/0608/13305.html

〔28〕https：//www.pericom.com/applications-zh-CN/embedded-zh-CN/smart-grid-zh-CN/

〔29〕http：//baike.baidu.com/link？ url=K5xuvhbut0WmwaDeSjppx1EP5W-OyB3pEXeJ_YMmBAtdY2guJj39VJtsNkVXOwobdPI5OtTsheXSQDEfXmN3i_

〔30〕http：//wenku.baidu.com/link？ url=u0GD51zti4bMmB6GAelHRt625WvUmzdaqnj-2Mkgv_sj2TBcreudnGPeCfyDUxrHxZbSoVF1ydhgxKVf0Jwz9AKGiaatDHC6DF_PTAGhd7u

〔31〕陈劲.绿色智慧城市绿色智慧城市的设计〔J〕.信息化建设，2010，No.14105：16-21

〔32〕郭敏杰.绿色智慧城市打造智慧城市新生态〔J〕.世界电信，2015，07：18-22.

〔33〕http：//www.5ykj.com/Article/dtghdhfy/160871.htm

〔34〕http：//www.bosafe.com/Article/796/798/201405/157814.shtml

〔35〕詹卫华，邵志忠，汪升华.生态文明视角下的水生态文明建设〔J〕.中国水利，2013，4

〔36〕张嘉涛.江苏"河长制"的实践与启示〔J〕.中国水利，2010，12

〔37〕任敏."河长制"：一个中国政府流域治理跨部门协同的样本研究〔J〕.北京行政学院学报，2015，3

［38］王书明，蔡萌萌.基于新制度经济学视角的"河长制"评析［J］.中国人口·资源与环境，2011（21），9

［39］罗小云.建管结合管理优先，大力推进江西水生态文明建设，《2015第七届全国河湖治理与水生态文明发展论坛论文集》，2015

［40］许正中.智慧城市是建设生态文明的主载体［J］.经济观察，2014，03

［41］"十三五"智慧城市"转型创新"发展路径，http：//www.chinagb.net/news/waynews/20160314/114714.shtml

［42］闫浩，张钧，陈少林.探索转型崛起之路——景德镇市资源型城市转型发展纪略，http：//www.jdzol.com/2011/0608/13305.html

［43］张光义.生态文明的概念、特征与基本内容［N］.黄河报，2009-07-10

［44］罗小云.完善顶层设计 为美丽江西增添"生态拼图"［N］.人民长江报，2016-04-23

［45］陆小成.纽约城市转型与绿色发展对北京的启示［J］.城市观察，2013，01

后记

　　2015 年 3 月 6 日，习近平总书记在参加第十二届全国人大三次会议江西代表团审议时指出："环境就是民生，青山就是美丽，蓝天也是幸福。要像保护眼睛一样保护生态环境，像对待生命一样对待生态环境。着力推动生态环境保护，走出一条经济发展和生态文明相辅相成、相得益彰的路子，打造生态文明建设的江西样板。"2016 年 2 月，习近平总书记来江西省视察时又对江西工作提出了新的希望和要求，再次强调要打造美丽中国"江西样板"。江西上下倍感鼓舞、高度重视，组织各种形式学习领会并贯彻落实习总书记的讲话精神。江西省委统战部组建以省委常委、省委统战部部长蔡晓明为组长的《建设美丽中国江西样板的战略要点与评价体系》重大课题组，邀请我作为专家组主要成员参与课题的研究；江西省社科联适时发布江西经济社会重大招标课题《美丽中国"江西样板"的经验总结及下一步建设方略》，我作为首席科学家参与投标；2016 年 1 月 7 日，在参加省长鹿心社主持召开的"做好今年政府工作及'十三五'发展的意见建议"专家座谈会时，鹿省长鼓励我对绿色发展"江西样板"多做研究。所有这些，让我这个从事鄱阳湖流域资源与环境管理、生态文明研究近三十年的学者感到极大的振奋和强烈的责任召唤。

　　从 1980 年代末大学毕业后，我就开始从事江西的水利工作，接触到了江西秀美的山山水水。从设计水利工程到后来回到南昌大学从事科学研究工作，我和我的研究团队一直围绕鄱阳湖流域开发利用与保护有关的资源、环境、生态、经济社会可持续发展开展研究，对江西的山水生态多了一分了解，多了一分热爱，更增添了一分责任。在江西人民满怀极大热情打造"江西样板"的感染下，我觉得自己必须为"江西样板"的建设贡献一分力量，这便是编写这本书的初衷与目的。

"江西样板"是江西省全省人民一代接一代建设和努力的结果，取得了举世瞩目的成效，积累了丰富的经验。我们从学习理解"美丽中国"和生态文明建设战略与要求出发，梳理江西历届省委、省政府坚持生态文明建设理念的发展历程和江西人民的重大实践，探讨"秀美江西"与"美丽中国"建设的内涵一致性和"秀美江西"在"美丽中国"背景下建设生态文明的优势、劣势、机遇和挑战；为了深入有效推进江西的"净空""净水""净土"行动，我们必须先掌握资源环境基础及其开发利用情况，确保资源环境与经济发展之间处于协调状态，基于这样的考虑，我们对江西生态环境与经济社会发展的关系做出了客观的评价；然后针对江西生态文明建设和新型城镇化建设的实际，构建生态文明建设水平评价指标体系和江西新型城镇化发展质量评价体系，并对江西 11 个设区市的现状生态文明建设水平和新型城镇化发展质量进行了综合评价，力争初步掌握江西生态文明先行示范建设的基础；总结概括了"江西样板"所蕴藏的绿色内涵，并从"山江湖治理工程""资源城市转型""水生态文明建设""生态文明建设的制度创新"等几个方面总结"江西样板"的主要模式与经验，提炼出"江西模板"的主要特征，并参考国际国内经验建设性地提出"江西样板"试点示范建设的初步标准；最后从"加快海绵城市建设，打造'绿之城水之韵'的新型城镇""推广小流域综合治理和精准扶贫相结合，筑牢'山清水秀'的生态基础""完善水生态文明试点，创建'显山露水'的制度范本""布局绿色智慧城市试点，建设'精致高效'的幸福家园""建设绿色生态小镇试点，扮靓'留住乡愁'的山水田川"五个方面提出了打造"江西样板"试点建设的对策建议。

本书是我和我的研究生团队集体研究的成果,我主持全书谋篇布局和第五、第六章的撰写及三次统稿工作,我的博士和硕士研究生分工协作,做了大量的资料收集、模型构建与数据分析及初稿撰写工作。其中罗海平副研究员、吴远卓讲师和博士林永钦、杨丽以及硕士程浩、占少贵、曹剑、熊飞勇、陈蒙参加了第一、第二章的主要工作;硕士李云祔、罗珍珍、刘鑫鑫、雷柠涵、彭乐鑫和博士胡小飞参加了第三章的研究;硕士占少贵、罗珍珍、雷柠涵和博士桂夏芸参加了第四章的研究;硕士程浩、宋炎、莫寓琪和博士桂夏云、博士后夏雨参加了第五章的资料收集与分析工作;硕士程浩、莫寓琪、汪涛、王世涛参加了第六章的资料收集、汇编和初稿的撰写工作,莫寓琪配合导师做了大量的文稿排版工作;团队其他人员阮陆宁、张莉、吕晞、王圣云、钟无涯、李晶、廖纯韬、廖志娟、刘世豪等对本书做了大量的帮助工作。对所有人的付出和贡献表示衷心的感谢。

"站在巨人的肩膀上。"在研究过程中,我们受到了前人和很多学者思想的启迪,我们参阅了大量的网上报道和前人的研究成果并借鉴了其中有价值的观点和方法,另外在和省内外的领导、专家交谈讨论中那种突然的感悟也是本书撰写过程的一大收获,对此,我们一并表示感谢,感谢他们的思想和学识贡献。

特别感谢江西省委常委、省委秘书长朱虹先生和著名经济学家、国家发展和改革委员会副秘书长范恒山先生百忙之中为本书作序;感谢江西省委常委、统战部部长蔡晓明先生对本书的撰写给予的鼓励和指导;感谢著名书法家张建华先生为本书题写书名;感谢江西省旅游局原局长、党组书记吴文峰先生为本书封面及专栏内容配照片。

感谢江西省人大常委会副主任马志武先生、江西省政协副主席李华栋先生、江西省政府副秘书长陈石俊先生、江西省社科院原院长汪玉奇先生、江西省统战部副部长胡志平先生、江西省水土保持研究所杨洁女士、江西省委办公厅邱峦先生、江西省委统战部办公室何仁飞先生、国家发展和改革委员会地区司潘玛莉女士以及新余市有关部门等对本书编写给予的鼓励、帮助和数据的支持。感谢江西人民出版社的大力支持。向许许多多支持我、鼓励我的亲朋好友衷心地说声"谢谢"！

感谢南昌大学校党委对教育部人文社科重点研究基地——南昌大学中国中部经济社会发展研究中心的支持，从"十二五"时期的"211 三期项目"到如今的"南昌大学一流平台"建设项目，给予了我及我的研究团队极大的支持和鼓励。本书是南昌大学一流平台——"区域经济与绿色发展创新研究平台"项目支持的重要成果，同时得到了教育部人文社会重点研究基地重大招标课题"中部地区生态文明建设领先路径研究（15JJD790040）"、江西省教育厅重大招标课题"江西融入美丽中国发展战略研究（ZDGG201003）"、江西省哲学社会科学重点研究基地规划重点项目"长江中游城市群产业综合竞争力评价与合作研究（15SKJD04）"等项目的支持。

由于统计数据的时效性以及编写本书的时间比较匆促，第三章、第四章的主体工作大多在去年完成，其中很多的数据无法及时获得更新。同时，由于研究者的知识和技术有限，评价指标体系也是在参照国内外实践和前人研究的基础上构建的静态指标，未能完全反映动态的现实，造成了一些遗憾。我们的评价结果截止到 2014 年，与现状的实际可能会有些差距，因为在这一两年中有些地区各方面发展迅速，由第二或第三梯队跃居第一或第二梯队。对此，我们将在今后的研究中不断加以改进和完善，请各位读者给予理解与关注，你们的批评与指正是我们前进的动力和方向。

傅春

2016 年 5 月 1 日